KB154903

NCS 기반

네일살롱워크

교문사

최근 네일에 대한 고객들의 수요가 많아지면서 네일 미용 산업은 빠르게 성장하고 있다. 각 네일 산업체는 다양한 제품을 출시하고 관련 기술을 발전시키고 있으며, 네일 아티스트들은 네일 아트에 대한 현대인의 요구에 만족시키면서 토털 패션의 한 부분이자 스타일링의 마무리인 네일 분야를 책임지고 있다. 여기에 네일 국가자격증이 신설되어 네일 미용에 대한 관심은 더욱 높아지고 있다.

현재 국가에서는 미용이라는 직무능력을 완성하기 위해서 수행해야 할 능력에 관한 국가직무능력표준(NCS, national competency standards)을 개발하였다. 미용은 대인 서비스이자 이·미용 서비스로 분류되고, 세분류에는 네일 미용이 포함되어 있다. 이와 같은 네일 미용의 직무능력단위에는 젤 네일이 포함되어 있으며, 여기에서는 자연 네일, 폼지, 그리고 팁 등을 이용한 능력을 요구하고 있다.

따라서 이 책은 네일을 전공하는 학생들이 네일살롱에서 기본적으로 수행해야 하는 직무능력과 네일 케어컬러링을 습득한 후 요구되는 젤 네일살롱워크에 대해 살펴보았다. 이 책의 CHAPTER 1에서는 네일 미용의 개요와 젤 네일, 그리고 살롱에서 필수적인 관리 직무 등에 대해 제시하였고, CHAPTER 2에서는 살롱 매니큐어, 살롱 페디큐어, 젤 연장, 젤 제거, 그리고 드릴머신 등 네일살롱에서 꼭 필요한 기술 직무에 대해 설명하였고, CHAPTER 3에서는 젤 아트 살롱워크에 대해 소개하였다.

특히 CHAPTER 2 기술 직무에서는 관리방법의 순서대로 그 과정을 사진으로 제시하였으며, CHAPTER 3 아트 직무에서는 아트 관리과정을 순서대로 제시하고 난 후 그에 해당하는 살롱아트 사진을 제시하였다.

이 책은 젤 네일에 관한 살롱워크 기술서로 미래의 네일 미용 산업을 이끌어갈 인재이자 네일 아티스트가 되려는 학생들에게 도움을 주고자 기획하였다.

끝으로 네일살롱 관계자분들과 출판에 힘써주신 교문사 관계자분들께 감사드린다.

2014년 12월
저자 일동

CONTENTS
차례

CHAPTER 1

Nail Salon Foundation tasks

네일 미용의 개요와 관리 직무

네일 미용

Nail Art

네일 미용은 손톱과 발톱을 의미하며, 네일 미용 매니큐어, 페디큐어, 인조 네일, 왁싱, 네일 아트 등을 포함한다. 매니큐어는 손의 관리를 뜻하는데 여기에는 손톱의 모양 정리, 큐티클 정리, 굳은살 다듬기, 손 마사지, 팩, 컬러링, 그리고 네일 아트 등이 포함된다.

페디큐어는 발의 관리를 뜻하며 발톱의 모양 정리, 큐티클 정리, 각질 제거, 굳은살 제거, 마사지, 팩, 컬러링, 그리고 네일 아트 등 발에 관련된 모든 관리를 포함한다. 즉 네일 미용은 네일살롱을 방문하는 고객의 손톱·발톱의 모양 정리, 큐티클 관리, 굳은살 제거, 마사지, 스파 관리, 네일 아트, 손톱보수, 손톱 연장, 그리고 제모 관리를 하는 것 등을 말하며 네일살롱에서 행해지는 속눈썹연장술도 포함된다.

네일 미용 산업

Nail Art Industry

네일 산업은 특히 고정적인 수입원을 가지고 있는 30~40대 여성들을 중심으로 2000년까지 블루오션blue ocean으로 주목을 받았으나 2004년부터 하락세를 보이기 시작했고 2008년 9월에 시작된 금융위기와 세계적인 경기침체 속에 난황을 맞기도 했다. 현재 네일 미용업은 빠른 성장세를 보이고 있으며, 이는 2~5명의 고용형태와 전문 네일살롱로드숍, 백화점 내, 대형마트 내, 대형찜질방, 헤어살롱과 화장품 가게의 숍인숍 등 타 공중위생관련업종에 비해 공간이나 위치에 구애를 받지 않아 다양한 형태로 손쉽게 창업이 가능하기 때문이다.

네일 산업의 대중화에 따라 여성들은 네일 관리에 대한 관심이 많아졌으며 네일살롱에서 자신의 외모를 가꾸기 위해 관리를 받는 경우가 많다. 이는 기분을 전환하고 외적인 아름다움을 지키기 위해서이며 외형적이고 정서적인 만족감을 주기 때문이다.

공중위생법 제2조에 보면 '미용업이란 손님의 얼굴, 머리, 피부 등에 손질을 하여 손님의 외모를 아름답게 꾸미는 영업'이라고 정의하고 있다. 그중 다항목에 네일은 손톱·발톱의 미용업으로 손톱과 발톱을 손질하고 화장하는 영업으로 정의하고 있다.

공중위생법 미용의 정의

가. 미용업(일반): 파마·머리카락 자르기·머리카락 모양내기·머리피부 손질·머리카락 염색·머리감기, 의료기기나 의약품을 사용하지 아니하는 눈썹손질, 얼굴의 손질 및 화장을 하는 영업

나. 미용업(피부): 의료기기나 의약품을 사용하지 아니하는 피부상태분석·피부 관리·제모(除毛)·눈썹손질을 하는 영업

다. 미용업(손톱·발톱): 손톱과 발톱을 손질·화장하는 영업

라. 미용업(종합): 가목부터 다목까지의 업무를 모두 하는 영업

네일 미용 서비스

Nail Art Service

서비스는 고객 자신의 편익과 만족을 위해 자신 혹은 제3자의 자원을 이용하는 과정, 노력, 또는 행위의 수단으로 볼 수 있으며, 1960년대 이후 미국을 중심으로 서비스 산업이라는 용어가 본격적으로 사용되었다. 서비스 산업이란 인적 자원이 중심이 되는 것으로 일부를 제외하고는 대체로 노동집약적이다. 인적 자원은 물적 자원과 달리 기계화할 수 없는 특성이 있기 때문에 서비스 산업에서 인적 자원의 확보는 무엇보다도 중요하다.

스마트폰의 발달로 고객들은 보다 합리적이고 현명해져 안목은 더욱 높아지고, 요구도 분명하고 다양해졌다. 서비스 기업의 성패는 고객의 만족, 즉 고객충성도에 의해서 결정된다. 고객충성도가 기업 경영 목표달성의 가장 중요한 요인이라면 종사원의 서비스 품질과 경영활동에 의한 충성도가 고객을 확보하고 유지하는 데 필수적 요인이라고 할 수 있다. 인적 자원인 종사원의 서비스 품질수준이 미흡하다면 이를 제공받는 고객은 불만족할 수밖에 없고, 고객의 재방문 기회를 놓치게 된다. 까다로워진 고객의 욕구를 이해하고 적시에 고품질의 서비스를 제공할 수 있는 인적 자원을 확보하고, 이들의 능력을 지속적으로 개발하고 유지·관리하는 것이 매우 중요해졌다.

과거의 네일 서비스는 아름다움과 위엄, 계급을 표현하는 행위였다면, 현대에는 외형적인 아름다움을 추구하는 행위일 뿐만 아니라 네일을 보호하고 장식하고 조화롭게 하거나 치료 등을 하기 위한 행위로 포괄적인 의미를 내포한다. 즉 네일은 단순히 미적 개념에만 국한되지 않고 타인과 비교·구분되는 차별성에 중점을 두면서 우월감을 표출하고 과시하는 행위로 진화되었다. 또한, 근래 들어서 토털 패션 코디네이션을 추구하여 미적 투자에서 네일이 차지하는 비중이

커져 잘 차려입은 의상과 헤어스타일, 메이크업, 네일은 필요조건으로 자리매김하고 있으며, 그만큼 네일에 대한 소비자들의 욕구와 가치도 높아지고 있다.

네일 서비스는 다른 미용 서비스 분야에 비해 비교적 짧은 교육 이수기간 동안 기술을 습득할 수 있다는 점, 앉아서 관리한다는 점, 창업 시 투자비용이 적은 것에 비해 고소득 직업이라는 매력으로 인해 미용인의 높은 관심 속에서 꾸준히 성장하고 있다. 1997년 서너 곳에 불과했던 네일살롱은 전문 네일 아티스트들nail artists이 개업하기 시작하면서 로드숍, 백화점 내 네일바, 대형마트 내 네일살롱, 숍인숍, 그리고 네일전문학원 등으로 점차 늘어나고 있으며 최근에는 국가자격증이 신설되면서 네일 산업이 더욱 성장하고 있다. 이러한 네일 서비스의 대중화에 따라 많은 네일 전문 교육기관, 제품업체, 그리고 네일살롱 등도 함께 활성화되고 있다.

네일 미용의 경우 최소 1시간 동안 고객과 정면 자세를 취한 채 손과 발을 직접 잡거나 만지면서 관리하는 특성이 있어 다른 미용 분야보다 쉽게 고객과의 유대감, 친밀감, 그리고 심리적인 교류 등이 형성되는 장점이 있다. 이와 같은 관리의 특성으로 인해 관리사의 주의 집중력과 고객의 마음을 감지할 수 있는 감각과 친근감을 줄 수 있는 화법술 등이 요구되고, 네일이라는 예민한 신체 부위를 다루는 만큼 어떤 미용 서비스보다도 민감하고 신중한 자세가 필요하다.

따라서 네일 관리를 받는 사람들이 네일살롱 선택 시 서비스 및 친절도와 네일 아티스트의 전문성을 중요시 여기므로 여기에 대한 철저한 프로의식이 필요하다. 또한 네일 산업이 전국적으로 확산되어 네일살롱 간의 경쟁이 치열해지고 있으며 생활수준의 향상으로 인해 고객들은 관리비용, 시설, 그리고 환경보다는 네일 아티스트의 친절성과 전문성을 우선시하고 있다.

젤 네일

Gel Nail

젤 네일의 개념

젤은 용액속의 콜로이드colloid입자가 유동성을 잃고 약간의 탄성과 견고성을 가진 고체나 반고체의 상태로 굳어진 물질이다. 콜로이드입자가 서로 이어져 입체 그물 모양을 하고 그 공간에 물 따위의 액체가 채워져 있다. 한천, 젤라틴gelatin, 두부, 그리고 생물체의 원형질 등에서 볼 수 있다. 젤의 화학구성은 아크릴 네일과 유사한 아크릴계이나 젤 자체에는 촉매제가 없어 응고를 도와주는 촉매제catalyst가 필요하여 인체에 무해한 UV 램프 또는 LED 램프가 사용된다. 이것은 인체에 무해한 UV-A 라이트에 의해 라이트리엑티브입자light-reactive particles가 중합 반응을 하여 분자들이 응집과 더불어 굳어지면서 관리된다.

UV-A에 10시간 이상 피부를 노출시키면 피부변색이 되는데 네일용 UV 램프는 1회 180초 이상 큐어링 시간이 소요되지 않으므로 이상이 없으나 오랜 시간 직접 바라보면 실명할 수 있으므로 주의를 요한다. 따라서 UV 젤 라이트는 피부 트러블을 일으키는 빛을 사용하지 않으므로 사용방법과 사용시간을 잘 숙지하면 안전하다.

젤은 1994년 독일에서 최초 개발되어 유럽에서 흔히 사용되고 발달했으며 점차 미국과 일본으로 전파되면서 발전했는데, 라이트 큐어드 합성수지는 인조 네일의 가장 현대적인 강화 기술로 현재 젤을 경화시키는 기술은 고급 도장, 전자, 치과용 레진, 접착제 등에 쓰이며 의료 분야를 제외하고는 모두 공업용 젤이다. 이와 같이 젤 전문 살롱이 등장할 만큼 많은 사람들이 젤 네일 아트를 이용하고 있는데, 관리가격은 고가이나 지속기간이 에나멜보다 오래가고 광택이 유지되며 관리시간이 짧은 이점이 있어 선호하고 있다.

최근 폴리시 대용으로 사용되는 폴리시 젤은 다른 젤에 비하여 관리시간이 짧으며 금이 가는 현상이 없고 관리 후에도 자연스럽다. 또한 부드럽고 강하고, 손톱 위에 관리 시 이물감 없는 편리함 때문에 수요가 확대되고 있다.

제품이나 회사마다 젤의 관리방법에는 다소 차이가 있으며 살롱에서는 관리시간, 속오프soak off 방법, 컬러, 제품가격, 그리고 타 제품과의 호환성 등을 고려하여 젤 제품을 선택하고 있다. 이와 같은 제품에 대한 정보는 회사의 세미나와 인터넷 쇼핑몰, 그리고 정보지 등을 통해 접하고 있다.

젤 네일의 분류

젤의 분류는 라이트 큐어드 젤과 노라이트 큐어드 젤의 2가지 형태로 나눌 수 있다. 라이트 큐어드 젤light cured gel은 UVultraviolet라는 자외선 또는 할로겐 라이트halogen light의 빛에 의해 중합 반응하여 분자들의 응집으로 굳어지고, 노라이트 큐어드 젤no light cured gel은 송진과 같은 접착력이 있는 시아노 아크릴레이트cyano acrylate 성분이 있어 라이트 없이 자연건조를 하거나 젤 활성액activator을 브러시로 바르고 용액에 담그거나 젤 응고제를 사용하거나 물을 이용해 굳어지게 한다.

젤은 성질에 따라 하드 젤hard gel과 소프트 젤soft gel로 분류한다. 하드 젤은 UV 빛에 노출시킨 후에 경화한 상태로 딱딱하고 지속력이 강화되어 탄성이 없다보니 쉽게 크랙이 생길 수도 있으며, 손톱에 접착 시 조임 현상이 일어나거나 제거 후 손상도가 많고, 파일이나 드릴을 사용해서 속오프를 하여 시간이 오래 걸리는 단점이 있다.

소프트 젤은 하드 젤을 묽게 만들고 탄성이 있어 크랙은 적으나 하드 젤보다 접착력이 약한 단점이 있다. 또 변색되지 않으며, 작업시간이 짧고, 투명도가 좋아 자연스럽고 깔끔한 손톱을 유지시켜준다.

젤의 종류에는 폴리시 젤, 탑젤, 클리어 젤, 스컬프처 젤, 페인팅 젤, 그리고 엠보 젤 등이 있으며 젤과 함께 사용되는 재료에는 젤 라이트기UV 램프기, LED 램프기 프라이머, 젤 클렌저, 브러시 클리너, 그리고 젤 리무버 등이 있으며 제조회사마다 명칭이 다르다.

제거방법에 따라 원액 아세톤 또는 젤 리무버에 녹는 속오프 젤soak off gel과 녹지 않는 하드 젤hard gel로 구분된다. 하드 젤은 파일이나 드릴 머신으로 파일링한다.

젤 네일의 특징

젤은 아크릴릭의 75% 정도 강도를 보이고 오래 유지되는 인조 네일의 하나이며, 글루와 같은 성분이 있는 강도가 조금 강한 접착제로 젤 농도에 따라 묽은 것도 있고 된 것도 있다.

젤은 액상의 아크릴릭 성분으로 아크릴릭 소재와 화학적으로 비슷한 밀도가 있는 물질이지만 아크릴릭은 화학적인 냄새가 심한 반면 젤은 냄새가 없어 밀폐된 실내 공간 등에서도 관리가 가능하고 손톱의 손상도 거의 없다. 젤 네일은 자연 손톱, 인조 네일 위에 젤 스컬프처를 하는 것인데, 흘러내리는 성질이 있어 특수 광선이나 할로겐 램프의 빛을 사용하여 굳게 하는 기법으로 UV 라이트 기계가 필요하다. 램프 1개당 9W인데 인체에 무해한 자외선은 6~9W이므로 관리 전 선크림을 발라주어 피부의 자외선 흡수를 막아주는 것이 좋다. 최근에는 LED 램프가 출시되어 경화시간을 줄일 수 있다. 이와 같이 젤은 자외선을 쬐기 전까지는 굳지 않아 모양을 자유자재로 변형시킬 수 있는 유연성이 있다. 따라서 디자인을 다양하게 표현할 수 있으며 지속성이 뛰어나고 발색력이 좋다. 얇은 선을 표현할 수 있으며 그러데이션 효과까지도 나타낼 수 있다. 또 젤은 투명도가 높고 광택이 오래가는 장점이 있다.

젤은 다음과 같은 종합적인 특성을 지니고 있다.

- 아크릴릭 시스템에 비해 알레르기를 일으키는 물질이 적어 부작용 없이 관리를 받을 수 있다.
- 냄새가 나지 않으므로 실내나 실외 등의 관리 장소에 구애받지 않는다.
- 램프에서 자외선을 쬐기 전까지는 상온에서 굳지 않아 디자인 표현의 유연성이 있다.
- 투명도가 높으며 광택이 오래간다.
- 물이나 리무버에 쉽게 지워지지 않는다.
- 에나멜이나 아크릴릭 시스템에 비해 관리시간이 단축되고, 큐어링 후 손을 바로 사용할 수 있다.
- 자연 손톱과 탄성이 비슷하여 아크릴릭 시스템에 비해 리프팅이 잘 되지 않는다.
- 손톱 수축현상이 있어 관리한 후 C커브가 만들어져 손톱 모양 교정에 사용된다.
- 손톱에 보호막을 형성해주는 래핑wrapping 효과를 주므로 약해서 자주 부러지거나 갈라지는 손톱을 건강하게 기를 수 있도록 도와준다.
- 젤 네일 아트를 위한 다양한 제품들이 많이 개발되어 고객이 원하는 다양한 아트를 할 수 있다.
- 하드 젤은 접착성이 좋고 강하다는 장점이 있으나 탄성이 없고 딱딱하여 크랙이 생길 수 있고 손톱의 조임현상이 많다. 아세톤 또는 젤 리무버에 녹지 않아 드릴머신으로 갈아내야 하는 단점이 있다.
- 소프트 젤은 하드 젤보다 묽게 만들어 탄성이 있으므로 갈라지지 않으나 하드 젤에 비해 접착력은 떨어진다.

젤 네일 리프팅

고객들에게 각광받고 있는 젤 관리는 인조 네일 중에서도 리프팅이 잘 일어나지 않더라도 주의할 필요가 있으므로 숙지하도록 한다.

▸ 리프팅의 개념

리프팅lifting의 사전적인 의미는 '들뜨다'라는 뜻으로 건조·경화한 막이 어떤 원인에 의해 벗겨지는 현상으로 젤 관리가 네일 보디에서 들떠 틈이 벌어지는 것을 말한다. 즉 인조 네일이 자연 손톱으로부터 분리되어 떨어지기 시작하는 것을 말하며 들뜸 현상이라고도 한다.

▶ **리프팅의 원인**

인조 네일 관리 시 리프팅이 나타나는 원인으로는 자연 손톱에 있는 유분과 수분을 충분히 제거하지 않았을 경우, 큐티클 정리 시 루즈스킨이 완전히 제거되지 않았을 경우, 인조 네일 관리 시 접착력을 요하는 프라이머나 베이스 젤을 바르지 않았을 경우, 인조 네일 관리 후 사우나를 오랫동안 했을 경우, 네일이 물에 많이 노출되는 경우, 그리고 시술 테크닉이 부족한 경우 등이 있다.

▶ **리프팅의 문제점**

네일 관리 후 리프팅이 되면 육안으로 보았을 때 지저분해 보이며, 특히 곰팡이균인 몰드가 생겨 치료해야 하기 때문에 인조 네일 관리 후 2~3주가 지나면 속오프를 하여 이러한 문제점에 노출되지 않도록 해야 한다.

젤 네일의 재료

젤 네일을 하는데 필요한 재료에는 램프UV 또는 LED, 젤 본더, 베이스 젤, 탑젤, 클리어 젤, 폴리시 젤, 페인팅 젤, 엠보 젤, 젤 클렌저, 젤 리무버, 젤 브러시, 그리고 브러시 클리너 등이 있다.

▶ **램프(UV 램프, LED 램프)**

젤을 건조시키는 기구로 UV 전구 또는 LED 전구가 장착되어 있다. LED 램프는 UV 램프에 비해 건조시간이 짧아 관리가 편리하여 최근 많이 사용하고 있다. 젤을 램프에 건조, 즉 경화시키는 것을 보통 '큐어링한다'고 한다. 큐어링 시간은 젤의 종류마다 안료의 양이 달라 약간의 차이가 있으며 전구 수에 따라서도 차이가 있다.

관리재료

램프(UV 또는 LED), 젤 본더, 베이스 젤, 탑젤, 클리어 젤, 폴리시 젤, 페인팅 젤, 엠보 젤, 젤 클렌저, 젤 리무버, 젤 브러시, 브러시 클리너

젤 네일 재료

▸ 젤 본더(프라이머)

젤이 자연 손톱에 점착되는 것을 돕고 손톱이 손상되지 않도록 보호하는 역할을 한다. 본더를 사용할 때는 젤 본더가 약한 산성으로 손톱 표면의 단백질을 녹이는 성분이 있으므로 가급적 피부에 닿지 않도록 주의한다.

에칭된 네일 보디에 젤 본더를 얇게 바르며 제품에 따라 젤 본더를 생략하고 베이스 젤을 2번 바르기2coat도 한다.

▸ 베이스 젤

에나멜 관리 시 베이스코트와 같은 용도로 자연 손톱과 젤의 접착력

을 증가시켜주는 것으로 제품에 따라 바르는 양에 차이가 있다. 베이스 젤이 발리지 않은 부분은 리프팅이 되기 쉬우므로 세심하게 바르며 큐티클 라인과 네일 사이드에 흐르지 않도록 얇게 바른다. 젤 본더 대신 2번 바르기2coat도 한다.

▶ 탑젤

젤 관리에 광택을 주기 위해 마무리할 때 사용된다. 큐어링 시간이 부족한 경우에는 광택이 나지 않을 수도 있으므로 제품에 따른 큐어링 시간을 정확히 지키도록 한다. 탑젤의 사용 시에는 큐티클 라인과 네일 사이드에 흐르지 않도록 주의해서 바르며, 탑젤의 양이 너무 적으면 광택이 나지 않으므로 적당량을 바르도록 한다.

탑젤의 경우 아세톤이나 젤 리무버에 녹지 않는 하드 젤이 있으므로 이때는 젤을 제거하기 전 표면을 파일링한 후 젤 리무버에 녹이도록 한다.

▶ 클리어 젤

투명하며 광택이 뛰어난 것으로 모든 관리 시 사용이 가능하여 젤 스컬프처, 젤 오버레이, 젤 래핑, 그리고 스톤이나 파츠 등을 올릴 때도 사용한다.

▶ 폴리시 젤

젤에 폴리시가 섞인 것으로 일반 폴리시와 바르는 방법은 같으나 반드시 램프에 큐어링을 해야만 건조된다. 일반 폴리시보다 2~3주 정도 오래 유지된다.

▶ 페인팅 젤

젤에 안료가 섞인 것으로 핸드페인팅 디자인에 사용한다. 다양한 컬러가 있으며 물감처럼 섞어서도 사용할 수 있고 폴리시 젤에 비해 안료가 많이 섞여 있어 발색이 뛰어나므로 얇게 바르는 것이 좋다. 두껍게 바르거나 큐어링 시간이 부족할 경우 수축현상이 발생하기도 한다.

▶ **엠보 젤**

입체감 있는 아트를 할 때 사용되는 것으로 폴리시 젤이나 클리어 젤처럼 흐르지 않고 점토처럼 반죽되어 있는 제품으로 브러시 클리너와 함께 사용해 디자인한 후 큐어링한다.

▶ **젤 클렌저**

큐어링 후 표면에 남아 있는 미경화 젤분산막을 닦아야 끈적이지 않고 광택이 난다. 닦을 때는 솜 대신에 거스러미가 생기지 않는 종이타월에 묻혀 닦는다.

▶ **젤 리무버**

소프트 젤의 제거 시 사용되며 아세톤에 비해 손톱의 손상이 적다.

▶ **젤 브러시**

스컬프처, 엠보, 그리고 페인팅 등에 따라 다양한 젤 브러시가 있으며 사용 후 깨끗하게 닦아서 보관해야 오랫동안 사용할 수 있다. 특히 컬러 젤을 사용했을 경우 브러시 클리너로 닦은 후 보관하도록 하며 젤이 묻어 있을 때 램프에 노출되면 브러시가 굳어버리므로 절대 램프에 노출되지 않도록 한다.

또한 브러시 뚜껑을 덮지 않은 채로 테이블 위에 올려두어도 미세한 자외선에 의해 브러시가 굳을 수 있으므로 주의한다.

▶ **브러시 클리너**

브러시에 남은 글리터나 컬러를 닦아낼 때 사용하는 것으로 자주 사용할 경우에는 브러시가 손상된다.

젤 네일 직무

국가직무능력표준NCS에서 제시한 젤 네일은 손톱 교정과 네일 아트 등 손톱장식의 기본 바탕을 위해 젤을 이용하여 손톱을 연장할 수 있는 능력이다.

▶ **젤 성분에 대해 익히기**

젤의 화학 성분에 대한 지식을 바탕으로 제품 관리와 사용방법을 습득한다.

▶ **젤 제품에 대해 익히기**

젤 제품은 제작회사마다 사용방법에 차이가 있으므로 제품에 대해 폭넓게 정보를 습득한다.

▶ **젤 기기 사용법 익히기**

젤 네일 관리에 사용되는 기기에 대한 올바른 사용법을 숙지한다.

▶ **연장하기**

고객의 손톱 모양에 따라 인조 팁이나 스컬프처 젤을 선택하여 길이 연장방법을 습득한다.

▶ **젤 아트하기**

다양한 색의 젤을 사용하여 풀코트, 프렌치, 그러데이션, 글리터, 글리터 그러데이션, 마블, 데칼, 핸드페인팅, 파츠, 그리고 원석 데코 등의 젤 네일살롱아트를 습득한다.

▶ **젤 제거하기**

젤 네일의 제품에 따른 속오프 방법을 습득한다.

▶ **드릴머신 사용하기**

젤 네일과 관련된 건식케어와 파일링을 위해 드릴머신에 대한 사용 방법을 습득한다.

젤 네일 관리 시 주의사항

▶ **네일 보디 에칭 꼼꼼하게 하기**

젤 네일 관리 전 네일 보디 에칭을 꼼꼼히 하여 네일 보디가 리프팅 되지 않도록 한다.

▶ **베이스 젤 꼼꼼하게 바르기**

베이스 젤의 양이 많으면 리프팅이 쉽게 일어나는 원인이 되며, 베이스 젤이 발라지지 않은 부분에는 컬러 젤이 잘 밀착되지 않는다.

▶ **프리에지부터 컬러링 바르기**

젤 컬러링을 1차1coat로 바를 때 프리에지부터 바른 후 네일 보디 전체를 바른다. 에나멜과 달리 젤 네일은 브러시의 터치가 많을수록 밀착력이 높아져 리프팅이 적게 일어난다.

▶ **큐어링 시간 정확히 지키기**

큐어링 시간이 적을 경우 경화되지 않은 부분은 리프팅되기 쉽다. LED 램프의 경우 베이스 젤은 10~30초, 컬러 젤은 30~60초, 탑젤은 90초 정도 큐어링한다. UV 램프의 경우 베이스 젤은 1분, 컬러 젤

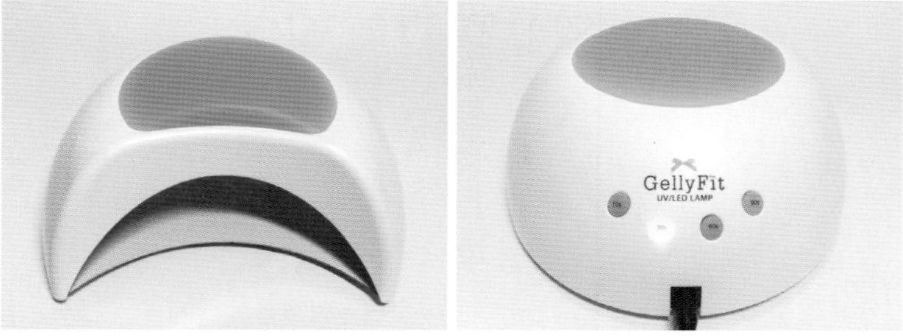

← LED 램프
→ LED 램프 타이머

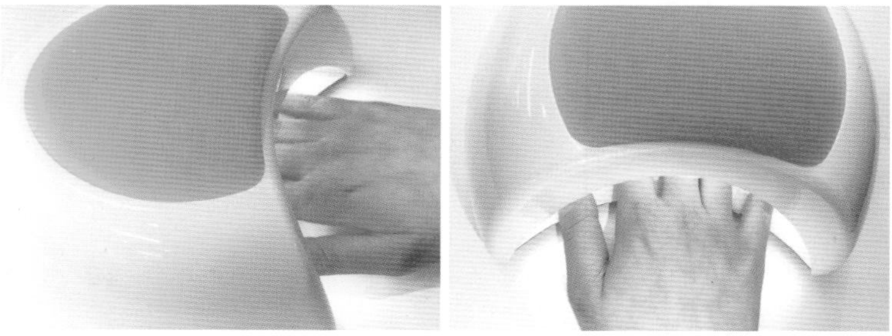

← 옆에서 본 큐어링하기
→ 위에서 본 큐어링하기

은 1~2분, 탑젤은 3분 정도 큐어링한다. 그리고 젤 제품에 따라 모든 램프에 큐어링이 되기도 하지만 UV 램프에만 큐어링되고 LED 램프에는 큐어링되지 않는 제품도 있으므로 주의사항을 잘 읽고 구분하여 사용한다.

UV 램프는 큐어링 시간이 램프기계에 따라 시간이 다양하게 세팅되어 있으므로 사용 전 설명서를 잘 읽고 사용하여야 한다. LED 램프는 큐어링 시간이 30초로 세팅되어 있는 경우도 있고, 위 사진과 같이 10초, 30초, 60초, 90초로 시간이 세팅되어 있는 것도 있다. 위 사진 속 램프의 경우 원하는 시간의 버튼을 누른 후 고객의 손이 램프기 안으로 들어가게 되면 센서가 작동하여 자동으로 램프에 불이 들어와 큐어링이 된다.

▶ **램프의 빛에 노출되지 않게 하기**

젤이나 젤이 묻은 브러시는 적은 양의 빛에라도 노출되면 굳어서 사용할 수 없게 되므로 램프 가까이 닿지 않도록 주의한다.

네일살롱 관리 직무

Nail Salon Management Tasks

네일 기본 직무

기본 직무에는 네일 아티스트로서 지녀야 할 자질, 지식, 그리고 기술 등에 대한 전문능력이 필요하고, 끊임없이 노력하고 습득하려는 자세도 필요하다.

▶ 지식 습득하기

네일의 구조, 위생과 소독, 해부학, 생리학, 네일의 질병, 케어 관리, 아트 관리, 고객 응대 및 관리 등에 관련된 지식을 습득한다.

▶ 깨끗한 용모 유지하기

복장은 깔끔한 유니폼이나 본인만의 작업복을 착용하며, 손과 발은 항상 청결하게 한다. 그리고 단정하고 세련된 메이크업을 하여 네일 아티스트로서의 프로페셔널한 이미지를 준다.

▶ 시간 엄수하기

고객의 예약시간을 미리 체크하고, 관리테이블에 예약판을 준비하여 고객에게 신뢰감을 준다. 또한 네일 관리시간을 최소화하여 고객의 만족도를 높인다.

▶ 사전 준비하기

고객이 도착하기 전에 미리 관리테이블 정리 정돈 및 세팅, 도구 소독, 고객카드 체크, 그리고 고객의 키핑keeping 제품 준비 등의 네일 관리 과정을 준비한다.

▸ **약속 이행하기**

예약 스케줄을 너무 무리하게 잡지 말며 관리에 따른 시간을 조절한다. 손관리의 경우 30분에서 1시간, 발관리의 경우 1시간에서 1시간 30분으로 관리시간을 정하는 것이 좋다. 부득이한 사정으로 약속을 지키기 어려울 경우 고객에게 미리 알리고 예약 시간을 다시 조절한다.

▸ **예의 바른 행동하기**

고객 앞에서 껌을 씹거나 음식물을 섭취하는 것을 삼가며, 항상 밝게 인사하고 경어를 사용한다.

▸ **전화 응대하기**

전화는 신속하게 받고 신뢰를 줄 수 있는 어조로 응대한다. 고객의 말을 끝까지 듣고 경청하며, 먼저 끊지 않도록 하며 예약이나 중요한 내용은 반복 확인하면서 메모한다.

▸ **계산하기**

고객의 관리내용, 할인 내역, 그리고 이벤트 내역 등을 정확하게 확인한 후 계산하며, 금전 관련 수납업무는 정직하게 처리한다.

▸ **마지막까지 관리 이행하기**

맡은 고객의 관리를 끝까지 마무리 짓도록 한다. 만약 그렇지 못할 경우 고객에게 미리 양해를 구한 후 관리사를 바꿔 고객의 불편과 불만을 최소화하는 것이 바람직하다.

네일 관리 직무

네일 관리 직무는 효율적인 네일 관리를 위해 고객의 상태에 맞는 관리 계획을 세울 수 있는 능력을 말한다.

▶ **네일 관리 목적 파악하기**

고객과의 대화를 바탕으로 네일에 대한 고객의 요구사항을 파악하고, 고객의 질문에 대해 성의 있게 응대하며 전문지식을 쉽게 설명한다.

▶ **네일 상태 파악하기**

고객의 직업이나 생활환경에서 일어날 수 있는 네일의 문제점을 파악하고 잘못된 관리방법에 대해 설명한다.

▶ **네일 관리방법 결정하기**

고객에게 선택 가능한 네일 관리의 여러 가지 종류에 대해 설명하고 네일 상태에 따른 관리방법을 선택한다.

살롱 관리 직무

살롱 관리 직무는 살롱 실내, 제품, 기기 그리고 관리사 등의 철저한 위생 관리 상태와 청결 상태를 파악하고 유지할 수 있는 능력이다.

▶ **살롱 실내 공간 관리하기**

관리실은 관리 시 불편하지 않도록 조명은 직접 조명방식으로 환하고 밝게 설치하며 전체 조명은 고객이 편안함을 느낄 수 있게 한다. 고객이 쾌적함을 느끼도록 살롱 내의 온도조절을 위한 냉난방시설이 구비되어 있어야 한다. 그리고 고객 상담실은 관리실과 분리하여 차분한 분위기가 느껴지도록 한다.

▸ 살롱 청결 작업하기

바닥청소를 청결하게 하여 다음 관리를 준비할 수 있도록 한다. 고객에게 신뢰감을 주기 위해 에나멜, 아크릴릭 시스템, 그리고 젤 시스템 등의 관리에 의해 생기는 냄새와 가루를 배출시킨다. 직원들의 식사 후에 나는 음식냄새를 없애려고 환기하기도 한다.

또한 드릴머신을 사용할 경우에 생기는 분진을 제거하기 위해 먼지흡입기를 설치하고 살롱 내 공기를 순환시켜서 고객이 쾌적함을 느끼게 한다.

▸ 기구 소독하기

관리사와 고객의 질병에 대처하기 위해 효율적인 소독방법을 결정하고 기구를 소독제에 담가 청결하게 관리한다.

▸ 관리테이블 정리하기

관리테이블은 항상 정리 정돈이 되어 있어야 하며 관리테이블마다 쓰레기통을 비치하여 관리가 끝나면 뚜껑이 있는 쓰레기통에 버린다.

▸ 용품 및 재료 준비하기

수시로 기본 재료의 구비여부를 체크하고 일의 효율성을 돕기 위해 일정한 위치에 재료를 비치한다. 그리고 사용한 도구는 다음 관리를 위해 소독한다.

▸ 제품보관함 관리하기

모든 제품은 뚜껑을 닫아두고 철제도구의 경우 사용 전과 사용 후의 제품을 별도로 보관하며, 사용 후 제품의 소독 여부도 체크하여 보관한다.

▶ **소독제와 세제 보관하기**

소독제와 세제는 살롱 내의 환기가 잘되는 서늘하고 건조한 곳에 보관하도록 한다.

▶ **제품 및 재료 관리하기**

제품과 재료는 2년 내에 소진하여 유효기간을 넘기지 않도록 하고, 타월의 경우 항상 깨끗하게 세탁하여 사용하며, 습포濕布의 경우 여름에는 냄새가 날 수도 있으므로 세탁 시 섬유유연제를 사용하여 탈취한다.

▶ **애완동물 출입 금하기**

고객이 데리고 오는 애완동물은 털이 빠져서 살롱 내의 청결 유지를 어렵게 하고, 네일 제품의 화학성분에 대해 애완동물이 과민 반응하여 문제가 생길 수 있으므로 되도록 출입을 금하는 것이 좋다. 그러나 최근 애완동물을 키우는 인구가 증가하고 있으므로 타 살롱과의 차별적인 경쟁력을 키우기 위해 여건만 된다면 애완동물이 따로 있을 수 있는 공간을 마련하여 고객을 유치하는 방법도 하나의 경쟁전략이 될 것이다.

고객 관리 직무

고객만족은 고객의 성취 반응이므로 단순히 제품이나 서비스만을 제공하는 것뿐만 아니라 정해진 수준 이상으로 고객의 기대를 충족시키는 것을 의미한다. 품질의 경우는 지각되지만 만족의 경우는 경험으로 나타나는 것이므로 고객의 감정적 과정에 의해 크게 영향을 받는다. 즉 고객 만족은 성격, 환경, 그리고 기대치 등에 따라 과정과 결과로 나누어지게 된다.

고객만족 서비스는 고객의 필요와 욕구충족에 초점을 두고 기대에 부응하는 서비스를 제공하여 그 결과로 서비스의 재구매가 이루어지고 이것을 반복하여 고객애호도가 계속 유지되는 상태를 말한다.

따라서 고객 관리를 성공적으로 수행하여 충성도를 높이기 위해서는 고객의 관심과 불평에 즉각적으로 대응하여 고객과의 관계를 향상시키고 우수고객에게는 보다 나은 관리, 가격, 그리고 혜택 등을 제공하여 고객관계를 유지한다.

▶ **기존 고객 관리하기**

데이터베이스를 구축하여 개인 신상정보를 기록하고 이를 이용하여 고객의 관리일정과 기념일 등을 체크하며, 부가적인 서비스나 할인요금 등도 적용한다.

▶ **신규 고객 확보하기**

일반 잡지, 지역신문, 미용 관련 잡지, 신문, 그리고 인터넷 등을 통해 장기나 단기별로 홍보하거나 타 업종의 매장과 상호협력관계를 구축하여 티켓 구매 시 할인 혜택을 부여한다.

▶ **고객 맞이와 배웅하기**

분명한 언어와 어조, 예의 바른 태도로 인사하면서 공손하게 고객을 맞이하고 배웅한다. 방문 고객에게는 살롱 내의 시설과 이용방법에 대해 친절하게 안내한다.

▶ **고객 상담하기**

관리 전 고객의 네일 상태를 파악하여 그에 따른 관리의 필요성을 설명하고 적절한 서비스를 권유한다. 상담 시 관리 소요시간과 금액을 공지한다.

▶ **고객과 원활한 대화하기**

고객이 관심 있어 하는 분야에 대해 주의 깊게 경청하고 겸손한 태도로 대화를 나눈다. 사적인 대화는 깊어지지 않도록 주의하며 회원권이나 제품 구매에 대해서는 강요하지 않는다.

▶ **고객의 불만 대처하기**

고객의 불만이나 요구사항을 파악하고 원인을 규명하며 고객의 입장에서 대응방안을 마련한다. 그리고 풍부한 네일 전문지식을 함양하여 관리상에 발생하는 문제에는 적극 대처한다.

▶ **분실물 확인하기**

고객이 잊어버리거나 맡긴 물건은 확인하고 찾아갈 수 있도록 한다.

▶ **고객의 요구 분석하기**

충분한 시간 동안 고객의 개인적 특성을 고려하면서 상담하며, 구체적으로 자료를 제시하여 고객의 요구를 충족시킨다. 그리고 고객의 신상에 관련된 인적 사항과 작업내용을 적는 카드를 작성한다.

▶ **고객의 요구에 따른 서비스 제공하기**

고객의 요구를 분석하여 고객별로 개인적인 관리방법과 서비스 방법을 선택한다.

▶ **고객 서비스에 대해 모니터링하기**

고객 관리 후의 효과와 만족도에 대해 상담과 설문지 등을 통해 파악하여 문제점을 분석하고 개선하도록 하며, 재방문했을 때 이전 방문 시의 불편사항을 꼼꼼하게 체크한다.

CHAPTER 2

Nail Salon Technical tasks

네일살롱의 기술 직무

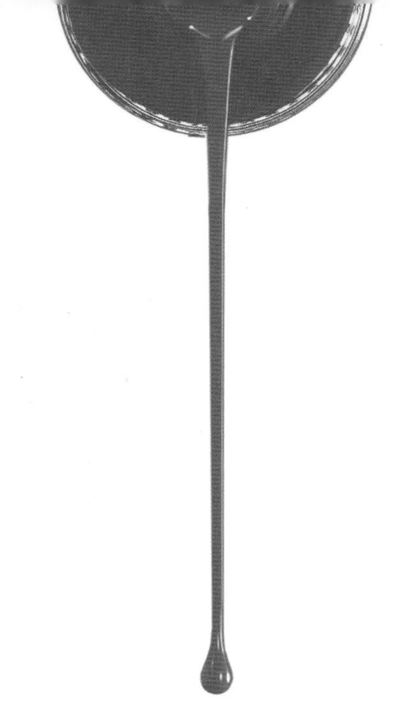

살롱 매니큐어

Salon Manicure

살롱 매니큐어의 개념

매니큐어manicure란 손톱과 손을 아름답게 가꾸는 관리기술로 손manus과 관리cura의 합성어로 손에 관련된 모든 관리를 뜻한다. 즉 손톱 모양 다듬기, 큐티클 정리, 굳은살 정리, 손 마사지, 컬러링, 팩, 그리고 아트 등의 관리가 포함된다. 국가직무능력표준에 나타난 네일 관리는 고객의 손톱 상태나 유형에 따른 적절한 방법으로 관리할 수 있어야 하는 능력으로 현재 살롱에서 관리하고 있는 매니큐어 방법으로는 습식과 건식이 있다.

습식과 건식 매니큐어의 방법 차이는 큐티클 정리과정에서의 물의 사용여부에 있다. 습식 매니큐어wet manicure는 물을 사용하는 것으로 핑거볼에 큐티클을 불린 후 큐티클 정리를 해주는 방법이다.

건식 매니큐어dry manicure는 물을 사용하는 대신 큐티클 리무버를 사용하여 큐티클을 부드럽게 연화시킨 후 큐티클 정리를 해주는 방법이다. 아티피셜 네일의 경우 습식 매니큐어로 케어할 경우 네일 보디에 습기가 생기지 않도록 신경을 쓴다. 살롱 건식 매니큐어에 사용되는 관리재료는 다음과 같다.

살롱 매니큐어는 습식 매니큐어와 건식 매니큐어를 혼용해서 쓰기도 하며, 젤의 사용량이 많아지면서 리프팅 또는 몰드를 방지하기 위해 건식 매니큐어로 많이 관리하고 있는 추세이다. 큐티클이 두꺼운 고객이나 남성 고객에게는 습식 매니큐어 방식으로 관리하는 것이 좋다.

관리재료

손 소독제(안티셉틱), 에나멜 리무버, 솜, 파일, 4웨이(4way), 니퍼, 푸셔(스톤 푸셔), 큐티클 리무버, 핸드로션, 각질 제거제, 스팀타월, 에나멜, 젤

살롱 매니큐어 재료

살롱 매니큐어의 관리과정

▸ 손 소독하기

손 소독제를 펌핑하여 고객의 손을 소독하기 전에 관리사의 손을 먼저 소독하며, 손톱과 손을 깨끗이 소독하여 외부 감염을 최소화한다.

▸ 에나멜·젤 제거하기

고객의 손에 관리된 에나멜 또는 젤을 제거한다. 젤을 제거할 때는 젤 리무버나 드릴머신을 사용한다.

네일의 잔여물에 따라 리무버를 선택하며 손톱의 단백질 구성이 제일 적게 파괴되는 재료를 선택한다. 오래된 에나멜은 면봉을 사용하여 리무버가 번지지 않도록 잔여물을 제거하고 솜의 먼지가 손톱에 달라붙지 않도록 리무버를 적당량 골고루 묻혀서 제거한다.

▸ 손톱 길이 및 모양 잡기

자연 손톱이 상하지 않도록 그릿grit 수가 큰 파일을 선택하여 고객에

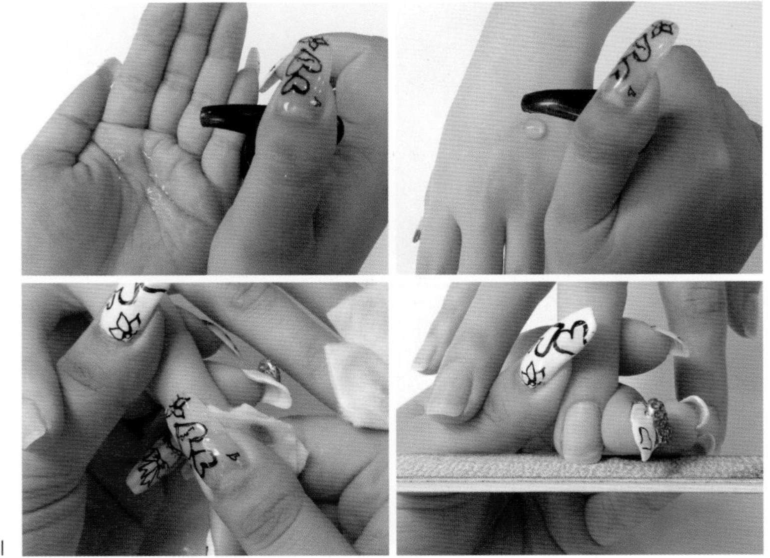

← 관리사의 손 소독하기
→ 고객의 손 소독하기

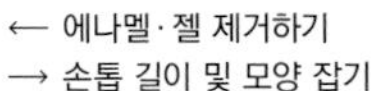

← 에나멜·젤 제거하기
→ 손톱 길이 및 모양 잡기

게 어울리는 모양과 길이로 파일링한다. 최대한 부드러운 파일로 손톱의 결대로 한쪽 방향으로 파일링하고 고객의 손가락길이, 굵기, 취향, 직업, 그리고 주위환경 등을 염두에 두고 모양을 결정한다.

손톱의 길이가 너무 긴 경우 클리퍼를 사용하여 원하는 길이에서 1mm 정도 여유를 두고 자른 후 파일을 사용하여 원하는 길이까지 다듬는다.

▶ 네일 표면 정리하기

4웨이4way를 사용하여 손톱 표면의 각질세로줄을 제거하고 광택을 낸다. 이때 살롱에 따라 추가금액이 부과되기도 한다.

일주일에 1회 방문하는 고객의 경우 매주 4웨이를 사용하여 손톱 표면을 정리하면 네일 보디가 얇아질 수 있으므로 길어져서 튀어나온 부분만 정리한다.

▶ 스톤 푸셔로 밀기

습식 매니큐어와 달리 건식 매니큐어를 할 경우 핑거볼에 큐티클을 담그지 않으므로 철제 푸셔를 사용할 때 손톱 표면에 스크래치가 날 수도 있으므로 주의 깊게 사용하며, 큐티클이 예민한 고객은 통증을 느끼기 쉬우므로 스톤 푸셔를 사용하여 큐티클을 밀어주면 루즈 스킨이 부드럽게 정리된다.

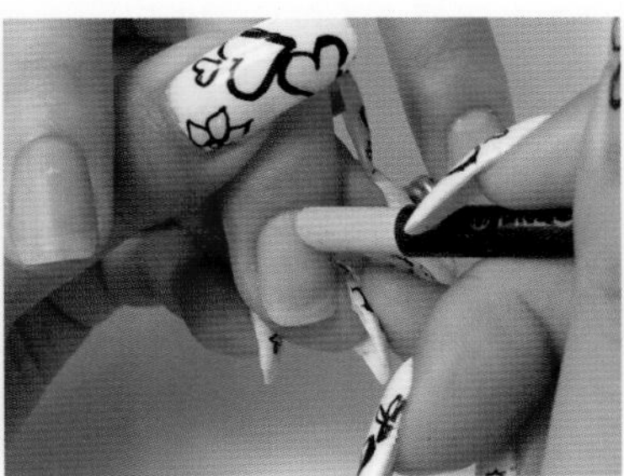
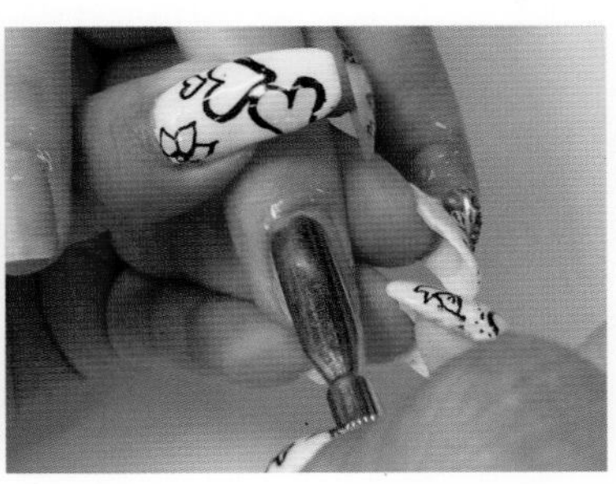

← 네일 표면 정리하기
— 스톤 푸셔로 밀기
→ 철제 푸셔로 밀기

네일 형태

일반적으로 네일의 형태는 스퀘어square, 스퀘어 오프square off, 라운드round, 오벌oval, 그리고 포인트point 등 5가지로 나눈다.

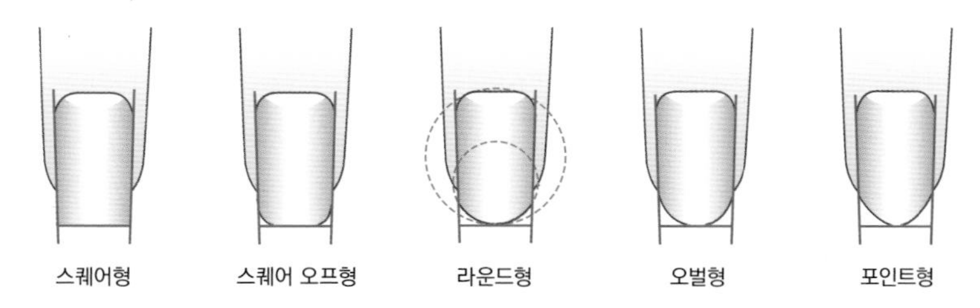

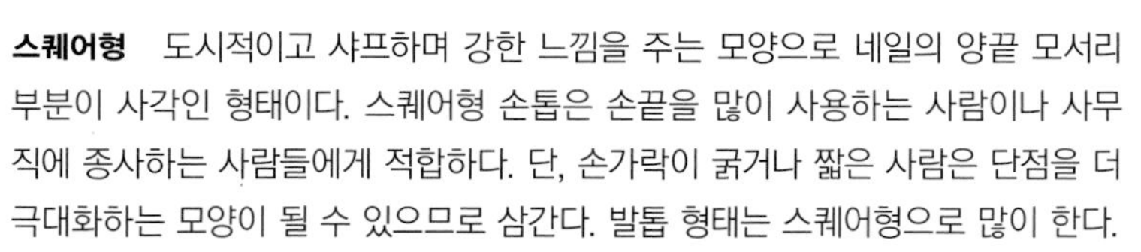

스퀘어형 도시적이고 샤프하며 강한 느낌을 주는 모양으로 네일의 양끝 모서리 부분이 사각인 형태이다. 스퀘어형 손톱은 손끝을 많이 사용하는 사람이나 사무직에 종사하는 사람들에게 적합하다. 단, 손가락이 굵거나 짧은 사람은 단점을 더 극대화하는 모양이 될 수 있으므로 삼간다. 발톱 형태는 스퀘어형으로 많이 한다.

스퀘어 오프형 또는 세미 스퀘어형 스퀘어형에서 양끝 모서리만을 둥글려 각을 없애 부드럽게 만든 형태이다. 스퀘어 오프형은 세미 스퀘어, 오벌 스퀘어, 그리고 라운드 스퀘어 등 다양한 명칭이 있으며, 자연스럽고 견고해서 오랫동안 유지된다.

라운드형 스트레스 포인트에서 직선이 살아 있으며, 프리에지 부분에 각이 없는 둥근 모양이다. 라운드형의 손톱은 정리된 듯 단정하고 아름다운 느낌을 준다.

오벌형 달걀형으로 손이 길어 보이며 여성스러운 느낌을 주는 모양인 오벌형은 양쪽 모서리를 둥글고 깊게 파일링하여 다듬는다. 직업적으로 손의 노출이 많은 상담직이나 여성스럽고 세련된 이미지를 추구할 때 적합하다.

포인트형 오벌형에 비해 더 가늘고 뾰족한 느낌으로 손이 길고 가늘어 보이나 포인트형은 손톱의 넓이가 좁아 손톱이 잘 부러지는 것이 단점이다.

살롱 스퀘어형

네일살롱에서는 스퀘어 형태를 스퀘어 오프에 가까운 형태로, 라운드는 오벌에 가까운 형태로 다듬는다.

살롱 스퀘어형 프리에지 부분은 일자 형태이지만 양끝 모서리를 둥글려 각을 없애 부드럽게 만들어 일상생활에서 손톱 끝부분에 의해 긁히는 일이 없도록 파일링한다. 파일을 90°로 세워서 파일링할 경우 손톱의 C커브 형태 때문에 일자로 보이지 않는 착시현상이 나타날 수 있으므로 파일을 10° 정도 기울여서 파일링한다.

살롱 라운드형

살롱 라운드형 일반적인 라운드의 형태는 스트레스 포인트에서 직선이 살아 있지만, 네일살롱에서 고객이 라운드 또는 둥근 모양을 원할 때에는 오벌형에 가까운 달걀형으로 전체 형태에 각이 없도록 파일링한다. 스트레스 포인트 부분을 부드럽게 둥글린 뒤 파일을 45° 뉘여서 파일링한다.

▶ 큐티클 리무버 바르기

큐티클오일을 사용해도 무방하나 케어한 후 젤 네일을 할 경우에는 오일성분이 남아 있으면 리프팅이 되기 쉬우므로 큐티클 리무버를 사용하여 케어하는 것이 좋다.

▶ 큐티클 정리하기

손 소독제안티셉틱로 니퍼를 소독한 후 루즈 스킨과 큐티클 라인을 정리한다. 큐티클은 자르지 말고 부드럽게 정리만 하는 것으로 늘어지거나 처진 부분의 각질을 정리한다.

▶ 굳은살 제거하기

살롱에서 보통 '큐트'라고 하는 큐티클 트리트먼트제와 굳은살 제거용 파일을 사용하여 네일 월 부분의 굳은살을 부드럽게 파일링한다.

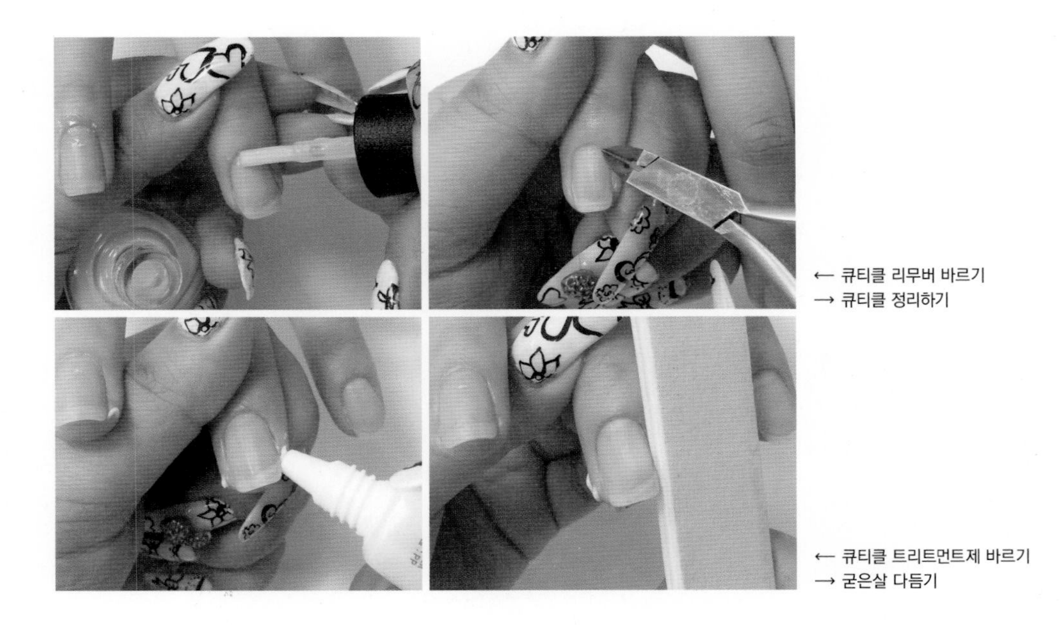

← 큐티클 리무버 바르기
→ 큐티클 정리하기

← 큐티클 트리트먼트제 바르기
→ 굳은살 다듬기

▸ 각질 제거하기

피부는 28일 주기로 자연스럽게 각질이 제거되는 각화현상이 일어나게 된다. 각질은 피부 내의 수분과 영양이 부족하면 피부가 건조해져 일어나는 경우가 있으므로 각질 제거제를 사용하고 수분을 보충해주는 것이 좋다. 각질 제거제를 고객의 손에 바른 후 부드럽게 마사지하듯이 문지른다.

▸ 손 마사지하기

마사지란 경직된 부분을 손바닥이나 손가락 끝으로 피부나 근육을 이완시켜 대사를 돕거나 혈액순환을 개선시키고 심장으로 가는 혈액의 흐름을 증가시키는 방법이다. 마사지는 몸과 마음을 편안하게 이완시켜주고 신경을 마비시키는 효과가 있어 고통을 줄여주며 혈액과 림프의 순환을 증진시킨다. 또한 인체의 치유력과 면역력을 극대화하고 스트레스가 해소되도록 도와준다. 인체의 장기가 효율적으로 작용하도록 해주어 체내의 노폐물을 제거하고 피부의 탄력과 유연성을 주는 데 효과가 있다.

 단, 고혈압, 심장병, 그리고 중풍 등의 질병이 있는 고객에게는 마사지 서비스를 피해야 하며, 관절염을 앓았거나 관절염이 있는 고객에게는 아주 조심스럽게 마사지한다.

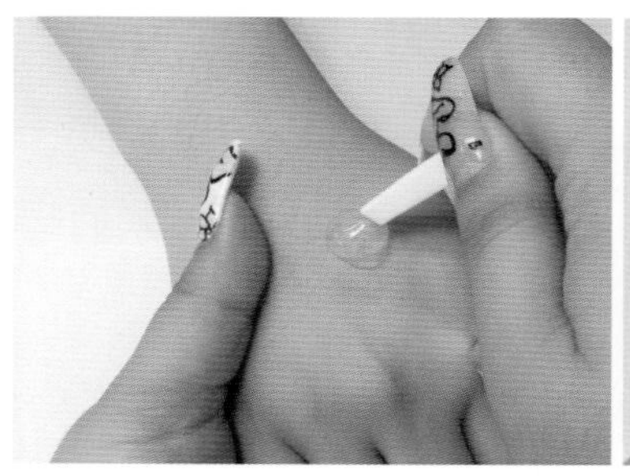

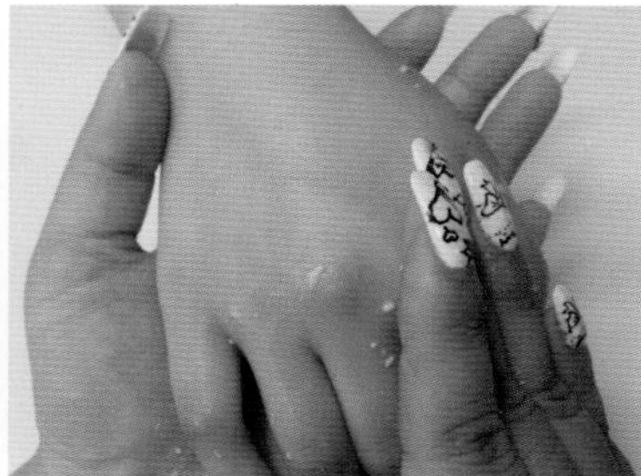

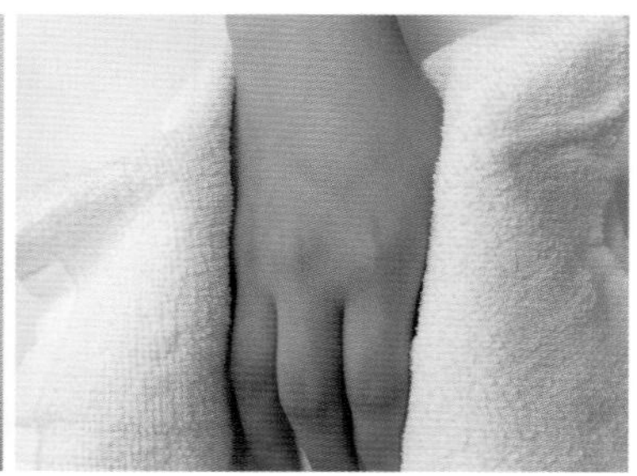

← 각질 제거제 바르기
— 각질 제거하기
→ 스팀타월로 닦기

로션 바르기

로션을 2~3회 펌핑하여 손바닥으로 문질러 예열한 후 사용하거나 고객의 손등에 바로 펌핑하여 고객의 손에 전체적으로 바른다. 유연하고 부드러운 동작으로 문지르면서 손과 팔의 긴장을 푼다.

손등 마사지하기

주먹을 가볍게 쥔 채 고객의 손등 뼈와 뼈 사이는 쓸어내리고, 손등은 너클 동작으로 둥글게 굴린다.

손가락 마사지하기

검지와 중지 사이에 고객의 손가락을 끼워 손가락 마디마디를 위아래, 좌우로 2~3회 왕복하여 훑어준 후 가볍게 손가락 끝을 살짝 누른다.

손가락 관절 당겨주기

고객의 손을 가볍게 주먹을 쥐게 한 후 검지와 중지 사이에 고객의 관절을 끼워 당긴다.

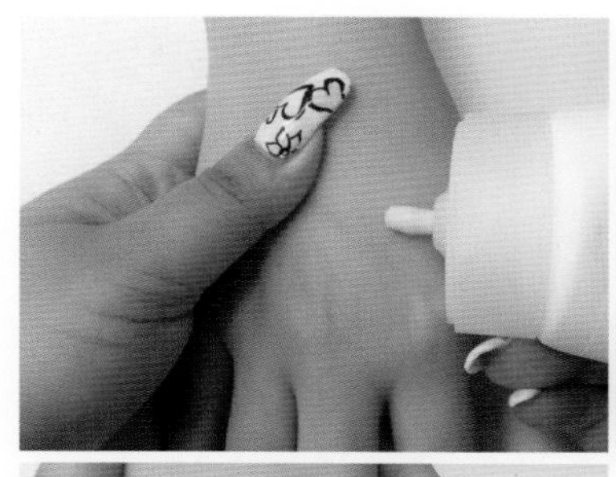
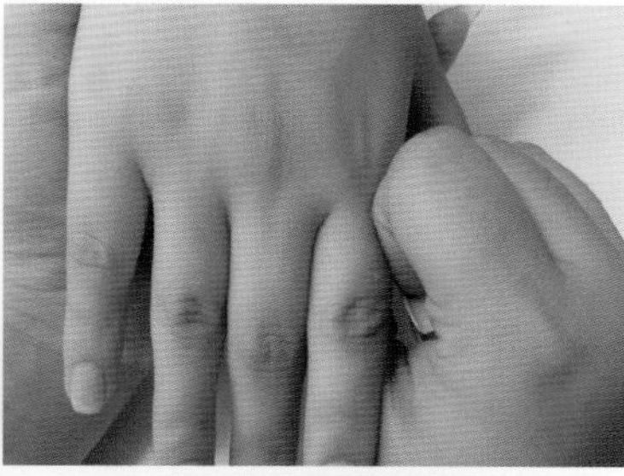
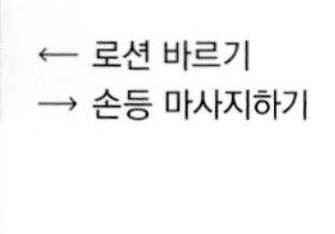

← 로션 바르기
→ 손등 마사지하기

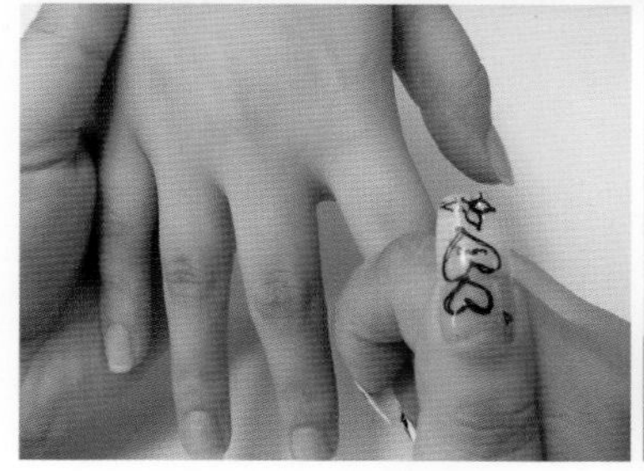
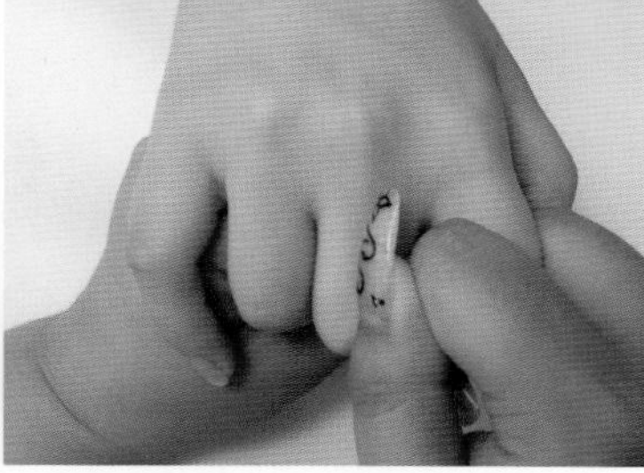

← 손가락 마사지하기
→ 손가락 관절 당겨주기

← 손목 돌리기
→ 손바닥 마사지하기

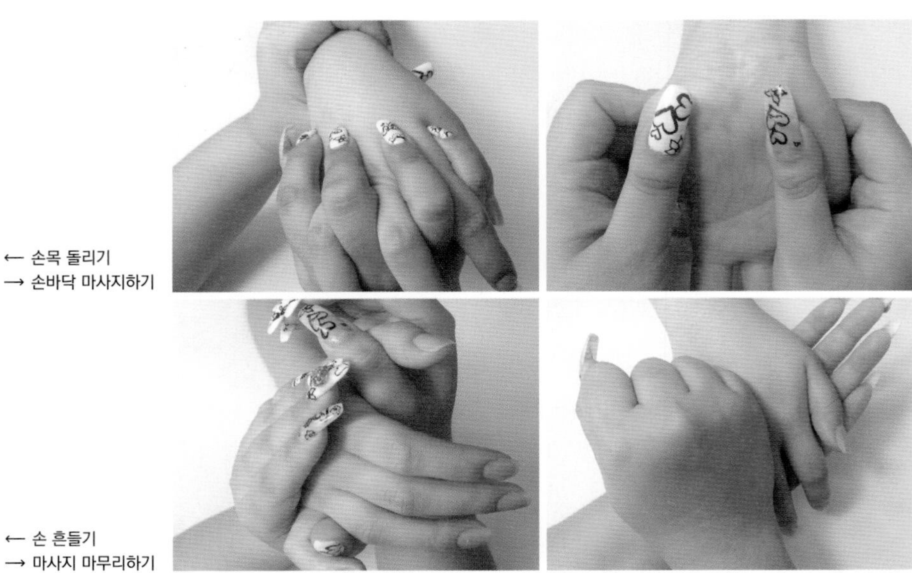

← 손 흔들기
→ 마사지 마무리하기

손목 돌리기

한손으로 고객의 손목을 잡고 다른 한손으로 고객의 손에 깍지를 껴서 손목을 돌린다. 오른쪽 방향으로 2회, 왼쪽 방향으로 2회, 뒤로 젖히기, 그리고 아래로 젖히기 등을 한다.

손바닥 마사지하기

깍지를 낀 손의 엄지 마디로 고객의 손가락과 손바닥의 경계부분을 위로 쓸어 올린다. 이 경우 반사요법으로 승모근과 어깨 부분의 뭉친 근육을 풀어주는 효과가 있다. 깍지를 뺀 후 고객의 손을 뒤집어 엄지와 소지를 양손의 약지와 소지 사이에 끼운 후 엄지 마디로 손바닥 전체를 누른다. 손의 반사구를 익혀 지압을 함께 한다.

엄지의 지문 부분으로 마사지할 경우 단무지외전근에 무리를 줄 수 있으므로 엄지를 구부려 엄지 마디로 마사지를 해야 관리사의 손을 보호할 수 있다.

손 흔들기

고객의 엄지와 소지를 관리자의 양손 엄지와 검지에 끼운 후 손목을 돌리면서 흔들어 혈액순환을 돕는다.

마사지 마무리하기

손가락 끝으로 손등을 쓸어내려준 후 가볍게 주먹을 쥐어 고객의 손등을

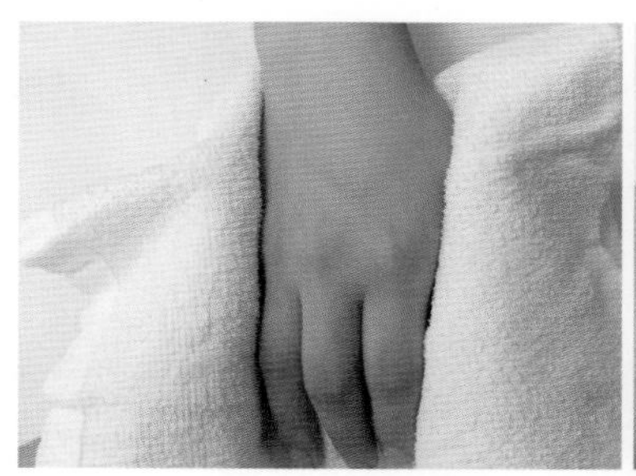

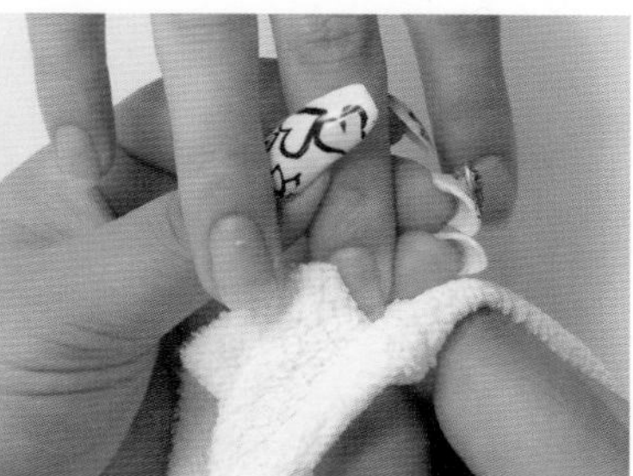

← 스팀타월로 다시 닦기
→ 스팀타월로 손톱 유분기를 제거하기

가볍게 두드리면서 마사지를 마무리한다.

스팀타월로 마무리하기

스팀타월로 손을 덮고 감싼 다음 지그시 누른 후 유분기를 제거하고, 엄지 손가락에 타월을 감싼 후 손톱 밑의 핸드로션을 깨끗이 닦는다. 이때 피부의 유분기는 계절이나 고객의 상태에 따라 따뜻하거나 차가운 타월로 마사지를 해서 제거한다.

손 반사구

살롱 손 마사지를 위한 반사구는 아래와 같다.

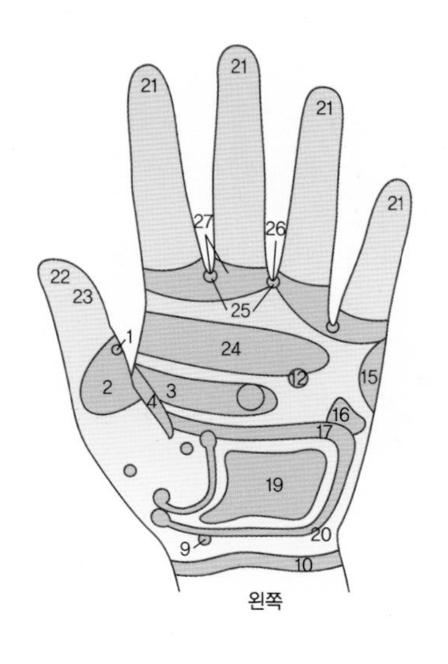

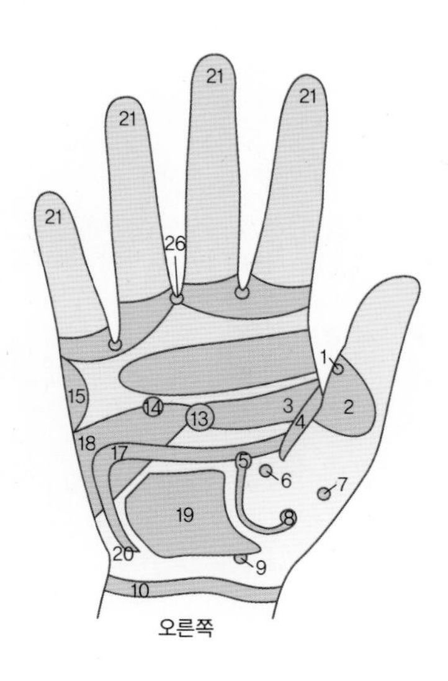

1 부갑상선	15 어깨
2 갑상선	16 비장
3 위·췌장	17 횡행결장
4 식도	18 간
5 신장	19 소장
6 부신	20 회맹판
7 요도	21 부비동
8 방광	22 뇌
9 꼬리뼈	23 뇌하수체
10 엉덩이뼈	24 가슴
11 귀	25 폐
12 심장	26 유스타키오관
13 태양신경총	27 눈
14 쓸개	

▶ **컬러링 또는 아트하기**

케어한 후에는 고객이 원하는 컬러를 바르거나 아트를 한다.

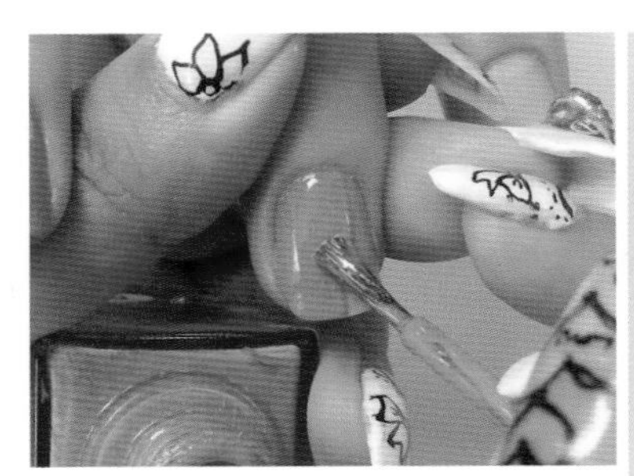

컬러링

에나멜 아트

젤 아트

살롱 페디큐어

Salon Pedicure

살롱 페디큐어의 개념

페디큐어pedicure는 발톱과 발을 아름답게 가꾸는 관리로 발pedis과 관리cura의 합성어로 발에 관련된 모든 관리를 말한다.

페디큐어는 발과 발톱의 아름다움을 가꾸어줄 뿐만 아니라 혈액순환을 원활하게 하고 피로를 풀어주어 신체 건강과 정신 건강까지도

관리재료

기본 재료, 파일, 세라믹 파일, 마른발 파일, 토 세퍼레이터, 각질 연화제, 스크럽제, 마사지크림, 팩, 스팀타월, 에나멜, 젤, 보습크림

페디스파 관리재료

증진시키는 역할을 하므로 평상시에도 관심을 기울이는 것이 좋다.

페디큐어는 발톱을 자른 다음 표면을 매끄럽고 예쁜 모양으로 다듬어준 후 각질 제거와 마사지, 컬러링을 하는 과정으로 발에 관련된 모든 관리과정을 의미한다. 일반적으로 고객들은 발을 자주 노출하는 여름철에 페디큐어를 원하는데, 살롱 페디큐어는 주로 스파를 이용하여 관리하며 파고드는 발톱을 일자로 잘라주기, 발톱의 울퉁불퉁한 표면 다듬기, 뒤꿈치 굳은살 제거, 팩, 마사지, 큐티클 정리, 컬러링, 그리고 아트 등의 모든 작업이 포함된다.

스파기계의 작동법

온수·냉수 조절 왼쪽으로 돌리면 온수가, 오른쪽으로 돌리면 냉수가 나온다.
스파 작동 버튼을 누르면 스파가 작동된다.
배수 버튼을 누르면 배수가 작동된다.
안마의자 사용 고객이 편안함을 느끼도록 리모콘으로 안마 서비스를 한다.
청소 사용한 후 소독제로 스파 안을 깨끗하게 청소한다.

스파기계

← 온수·냉수 조절
→ 스파 작동버튼

← 배수버튼
→ 안마의자 리모컨

살롱 페디큐어의 관리과정

▶ **소독하기**

고객의 발을 소독하기 전에 관리사의 손부터 소독하며, 고객의 발의 질병 유무를 파악하여 소독하고 스파기계에 소독제를 넣은 후 따뜻한 물을 채운다.

▶ **에나멜 또는 젤 제거하기**

관리대 위에 고객의 양발을 올려놓고 에나멜 또는 젤을 제거한다. 오래된 에나멜은 오렌지 우드스틱을 사용하여 리무버가 번지지 않도록 잔여물을 제거하고 솜의 먼지가 발톱에 달라붙지 않도록 리무버를 적당량 골고루 묻혀서 제거한다.

▶ **발톱 길이 및 모양 잡기**

발톱 길이가 너무 긴 경우 클리퍼를 사용하여 원하는 길이에서 1mm 정도 여유를 두고 자른 후 파일링한다. 발톱의 모양은 스퀘어형으로 다듬어야 발톱이 파고들지 않는다. 부드러운 파일을 이용하여 발톱의 결대로 한쪽 방향으로 파일링한다.

▶ **스파기계에 발 담그기**

길이 및 모양 잡기가 끝난 발부터 스파기계에 발을 담가 큐티클과 각질을 연화시킨다.

▶ **각질 연화제 바르기**

물기를 가볍게 제거한 후 솜을 얇게 나누어 펴서 각질 연화제를 바른 다음 각질 부위에 올린 후 랩으로 감싼다. 각질이 연화되는 시간 동안 큐티클을 정리하기 위해 발가락 부위에는 랩을 감싸지 않는다.

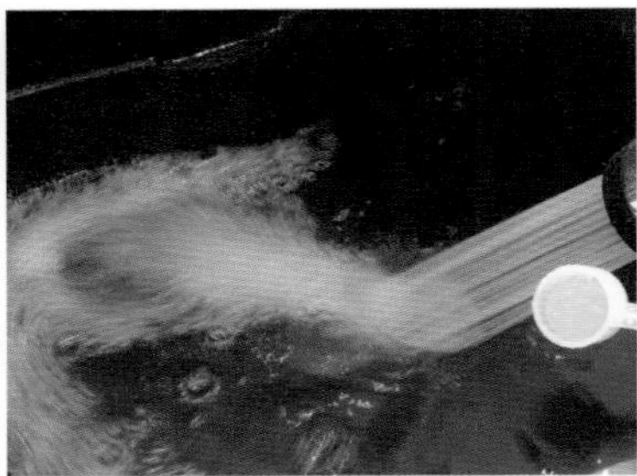
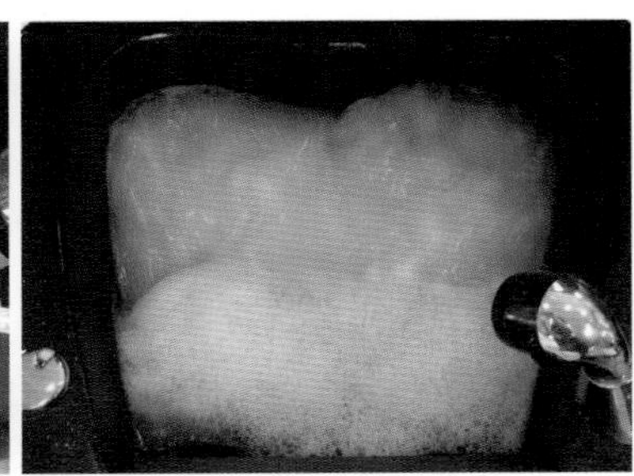

← 손 소독하기
— 소독제 넣기
→ 소독제 넣은 후 스파 돌리기

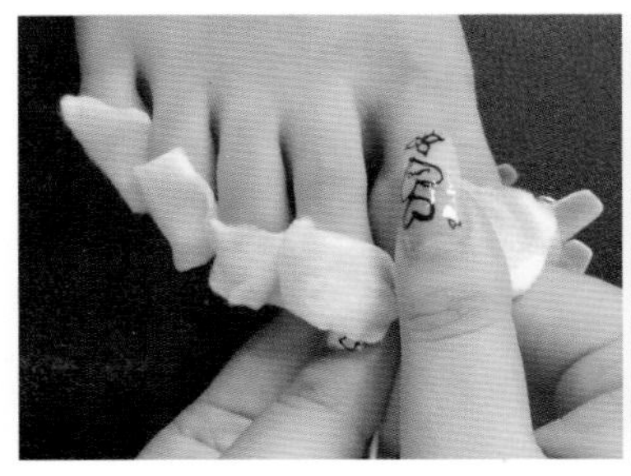
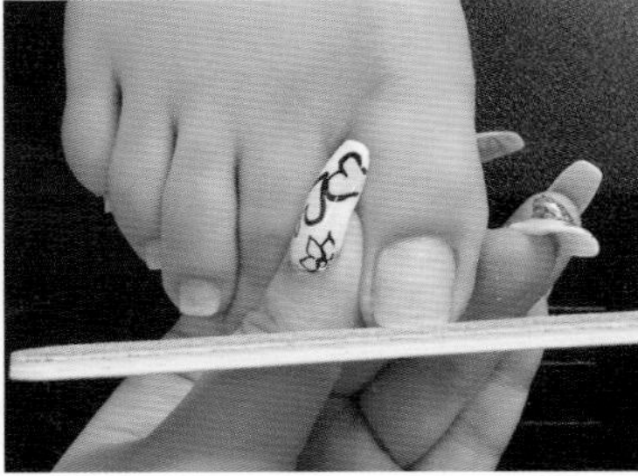
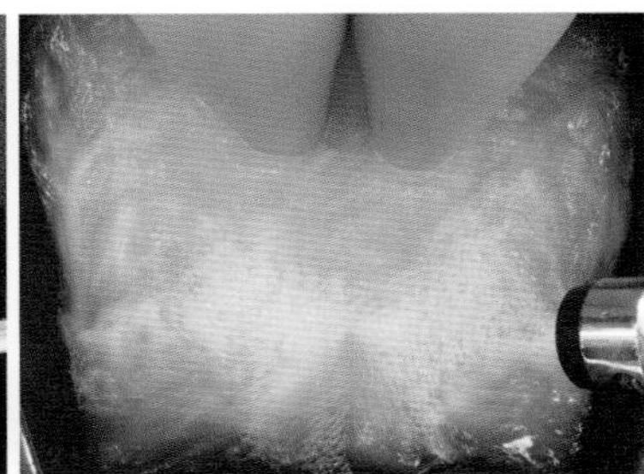

← 에나멜 제거하기
— 발톱 길이 및 모양 잡기
→ 발 담그기

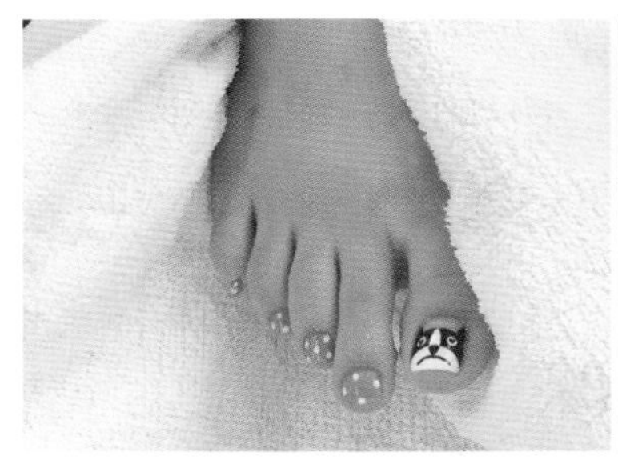

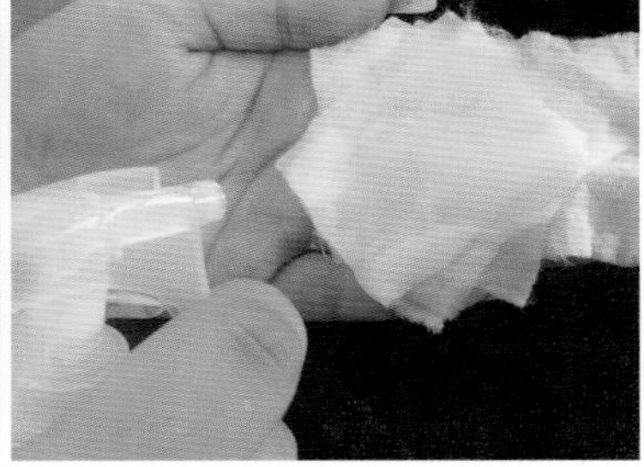

← 물기 제거하기
— 솜 나누어 펴기
→ 각질 연화제 뿌리기

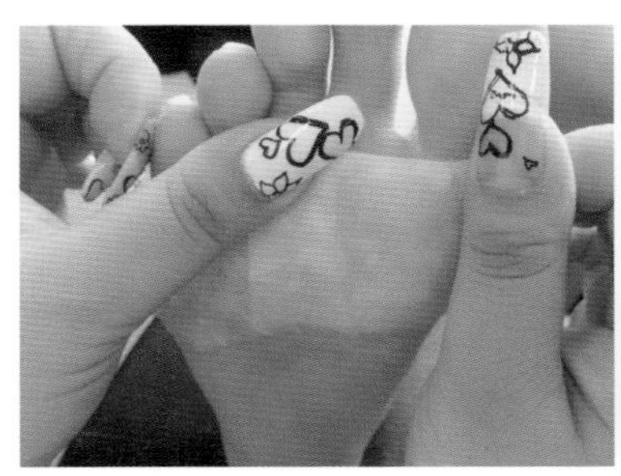
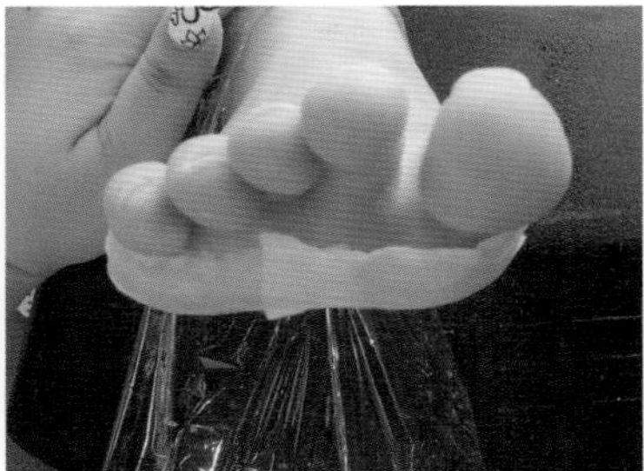

← 솜 붙이기
— 1차 랩 감싸기
→ 2차 랩 감싸기

▶ **큐티클 정리하기**

니퍼와 푸셔를 사용하여 큐티클을 정리한다. 이때 여성 엄지발톱의 큐티클은 짧게 자를 경우 힐을 신을 때 큐티클이 벌어지는 현상이 일어날 수 있으므로 과도하게 짧게 자르지 않는다.

▶ **세라믹 파일로 각질 정리하기**

큐티클 정리가 끝나면 각질의 불린 상태를 확인한 후 랩과 솜을 떼어내고 세라믹 파일로 각질을 제거한다.

▶ **표면 정리하기**

발바닥의 각질이 세라믹 파일로 제거된 후 마른발 파일의 그릿수가 낮은 부분으로 잔여각질을 제거하고 그릿수가 높은 다른 부분으로 한번 더 발바닥 표면을 매끄럽게 정리한다.

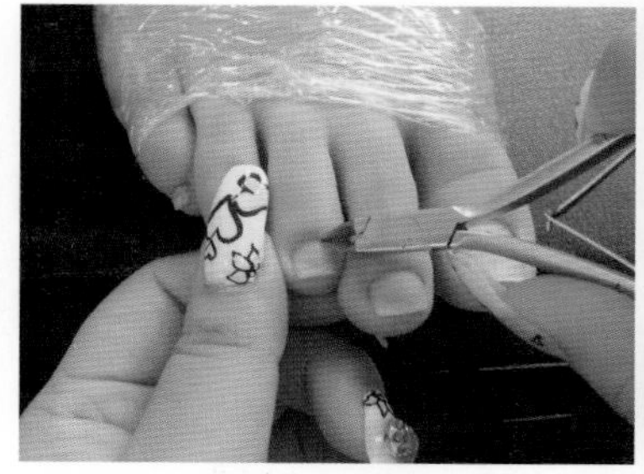
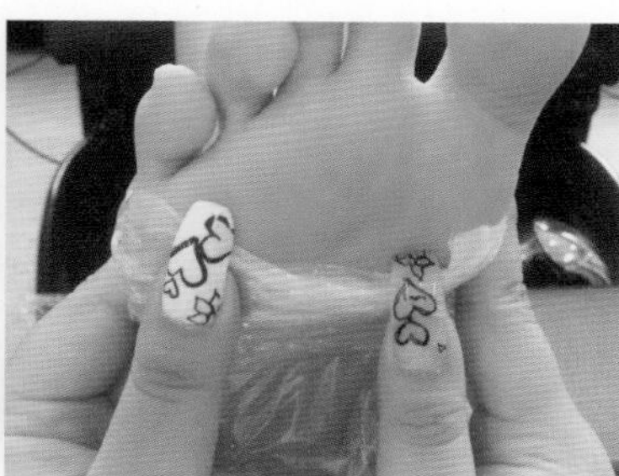

← 큐티클 정리하기
— 랩과 솜 떼어내기
→ 세라믹 파일로 각질 정리하기

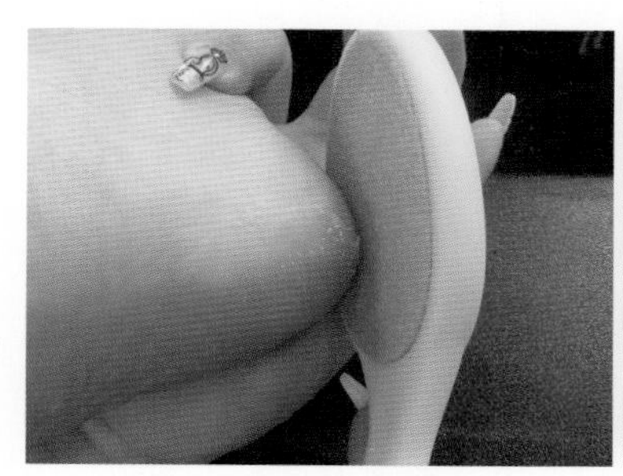
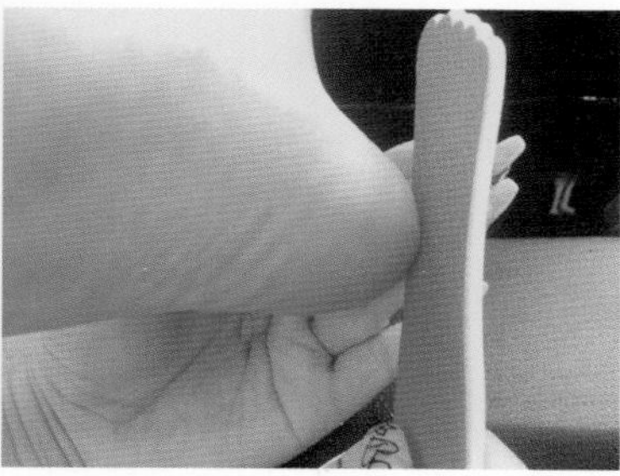
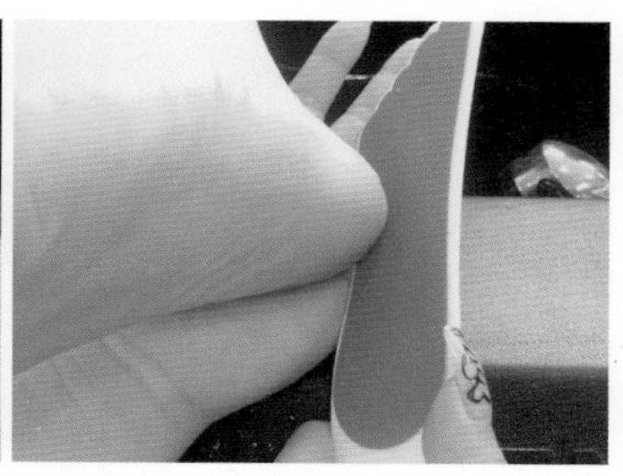

← 뒤꿈치 각질 제거하기
— 마른발 파일로 1단계 표면 정리하기
→ 마른발 파일로 2단계 표면 정리하기

▸ 스크럽하기

스팀타월로 발에 남아 있는 각질을 닦은 후 스크럽제를 발 전체에 발라 롤링하면서 각질을 한 번 더 제거한다. 발바닥뿐만 아니라 발등과 발목까지 스크럽한다. 이때 양손을 가볍게 주먹을 쥐고 검지의 관절부분으로 복사뼈를 둥글리며 가볍게 마사지하며 발가락 사이에도 꼼꼼하게 스크럽한다.

▸ 발 헹구기

스크럽제가 남아 있지 않도록 발을 깨끗이 씻으며 발가락 사이에도 스크럽 잔여물이 남아 있지 않도록 깨끗하게 씻는다.

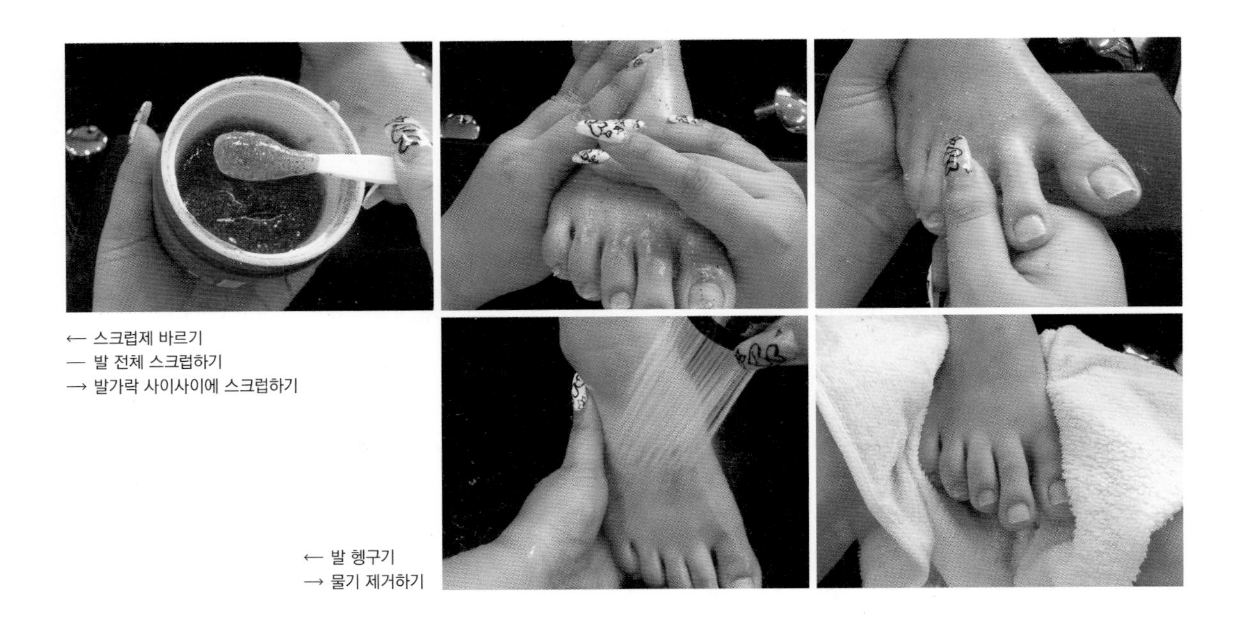

← 스크럽제 바르기
— 발 전체 스크럽하기
→ 발가락 사이사이에 스크럽하기

← 발 헹구기
→ 물기 제거하기

▶ 발 마사지하기

스팀타월 또는 마른 수건으로 물기를 제거한 후 마사지크림을 종아리와 발 전체에 바른다. 스파 관리 시에는 고객의 혈액순환을 돕기 위해 종아리까지 마사지하는 것이 좋다.

로션 바르기

로션을 적당량 덜어 손바닥으로 문질러 손의 예열로 로션을 따뜻하게 한 후 고객의 종아리와 발 전체에 바른다. 유연하고 부드러운 동작으로 문지르면서 다리의 긴장을 푼다.

종아리 마사지하기

엄지와 중지로 종아리의 경골을 따라 압을 가하면서 발끝까지 내려온다. 너클 동작으로 종아리 뒤 비복근이 뭉친 것을 풀어준다.

발등 마사지하기

주먹을 가볍게 쥔 채 고객의 발등 뼈와 뼈 사이를 쓸어내리며 발등을 너클 동작으로 둥글게 굴린다. 양손을 가볍게 주먹을 쥐고 검지의 관절부분으로 복사뼈를 둥글리며 마사지한다.

발가락 마사지하기

검지와 중지 사이에 고객의 발가락을 끼워 발가락 마디마디를 위아래, 좌우로 2~3회 왕복하여 마사지한 후 가볍게 발가락 끝을 누른다. 발가락을 손으로 감싸 오른쪽 방향으로 2회, 왼쪽 방향으로 2회, 뒤로 젖히기, 그리고 아래로 젖히기 등을 한다.

발목 돌리기

한손으로 고객의 발목을 잡고 다른 한손으로 고객의 발가락을 잡고 발목을 돌린다. 발목을 오른쪽 방향으로 2회, 왼쪽 방향으로 2회, 뒤로 젖히기, 그리고 아래로 젖히기 등을 한다.

발바닥 마사지하기

엄지의 마디 또는 지압봉을 사용하여 발바닥 지압점을 누른다. 기본 반사구인 신장을 지그시 누른 후 수뇨관을 따라 내려간 뒤 방광 부분에 자극을 주어 노폐물의 배출을 돕는다.

마사지 마무리하기

가볍게 주먹을 쥐어 고객의 발뒤꿈치를 가볍게 흔들고 두드리면서 마사지를 마무리한다.

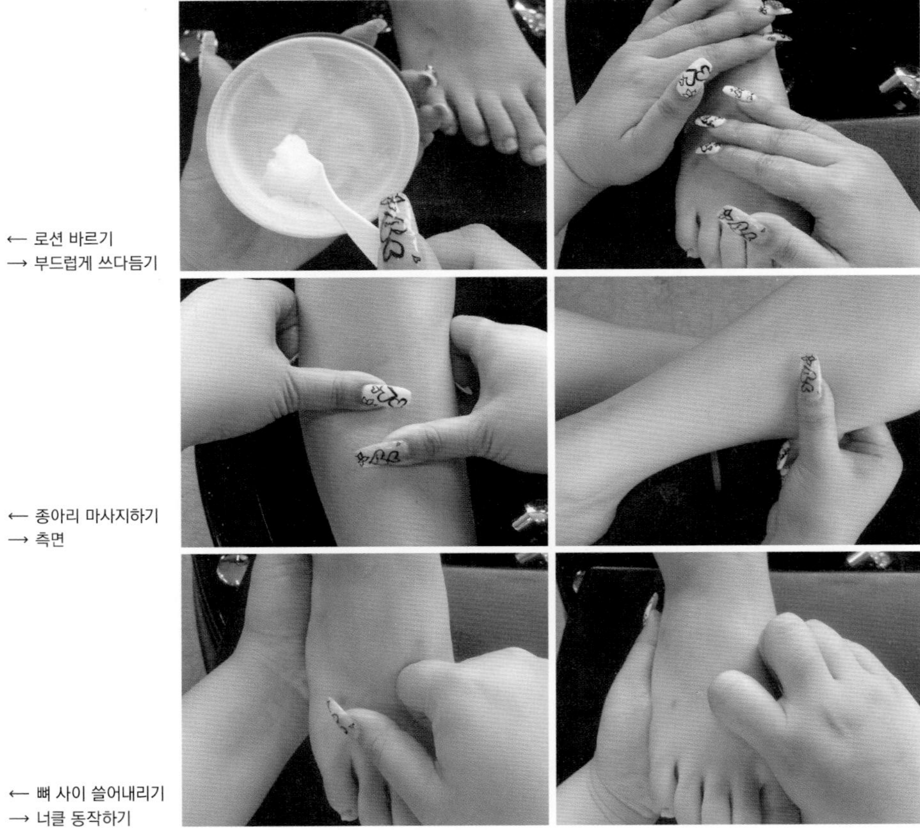

← 로션 바르기
→ 부드럽게 쓰다듬기

← 종아리 마사지하기
→ 측면

← 뼈 사이 쓸어내리기
→ 너클 동작하기

스팀타월로 마무리하기

스팀타월로 발을 덮고 감싼 다음 지그시 누른 후 유분기를 제거하고, 엄지 손가락에 타월을 감싼 후 발톱 밑의 핸드로션을 깨끗이 닦는다. 이때 피부의 유분기는 계절이나 고객의 상태에 따라 따뜻하거나 차가운 타월로 마사지를 해서 제거한다.

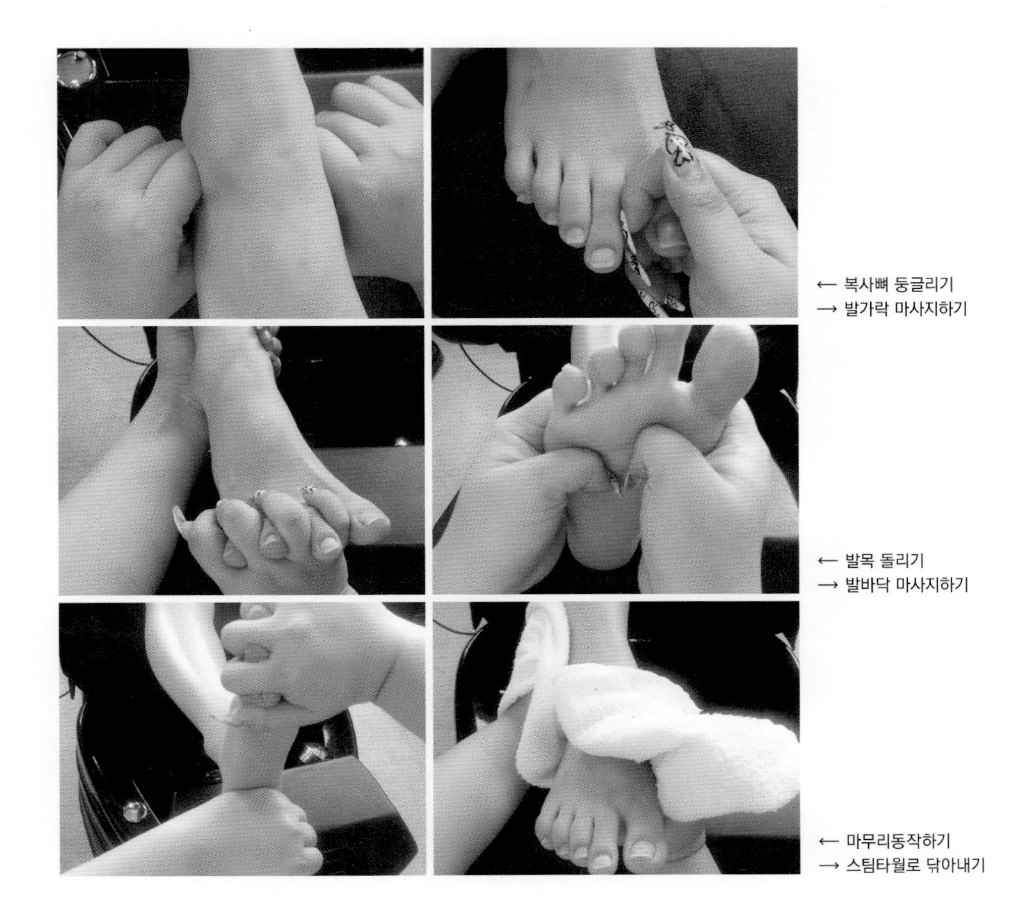

← 복사뼈 둥글리기
→ 발가락 마사지하기

← 발목 돌리기
→ 발바닥 마사지하기

← 마무리동작하기
→ 스팀타월로 닦아내기

발 반사구

살롱 발 마사지를 위한 반사구는 아래와 같다.

1 신장	18 직장
2 수뇨관	19 항문
3 방광	20 복강신경총
4 폐, 기관지	21 부신
5 심장	22 생식선
6 비장	23 뇌하수체
7 간	24 소뇌
8 담낭(쓸개)	25 심차신경
9 위	26 전두동(이마)
10 췌장	27 뇌
11 십이지장	28 코
12 소장	29 눈
13 회맹관	30 귀
14 맹장	31 목
15 상행결장	32 갑상선
16 횡행결장	33 부갑상선
17 하행결장	34 승모근

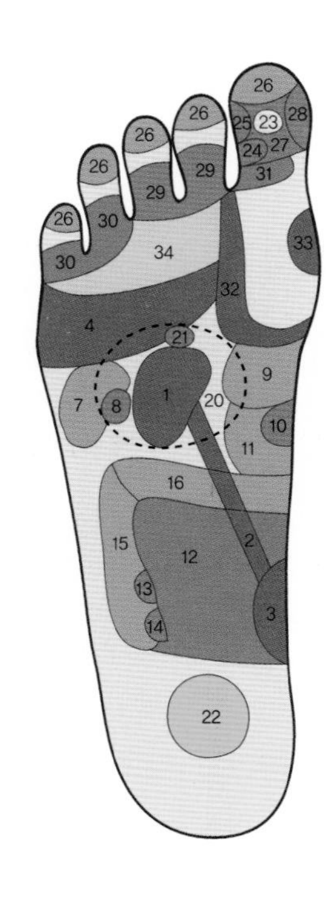

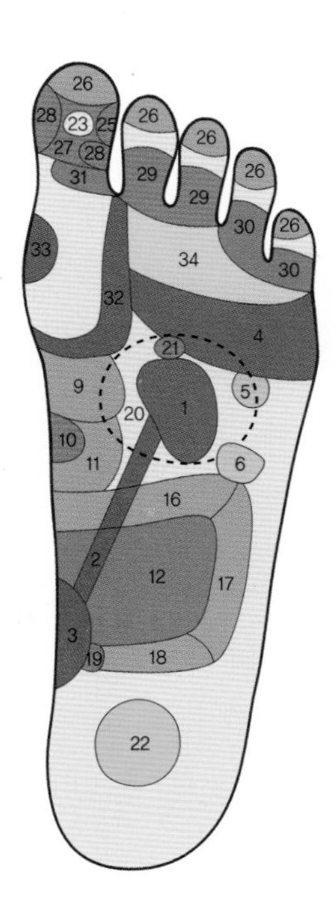

발의 이상 상태를 통한 건강 체크

발이 차가운 경우 냉증에 걸리기 쉬우며 비위가 약하고 신체가 허약한 사람이 대체로 발이 차다.

발에 열이 나서 밤잠을 설치는 경우 신경을 많이 쓰는 사람이거나 비장과 위장에 필요 없는 열이 모여 있는 경우 발에 열이 난다.

발가락이 누렇게 변하는 경우 혈액 속의 여러 가지 독소들이 완전히 배설되지 못하여 누런색을 띠게 되는 것으로 신장과 간장이 약해졌다는 신호이다.

발이 붓는 경우 피로하면 누구나 이런 증상이 나타나지만 자고 일어나서도 증상이 없어지지 않으면 간 기능에 이상이 있다는 증거이다.

발이 자주 저리는 경우 혈액순환이 순조롭지 못하다는 신호로 몸이 뚱뚱한 사람에게서 많이 나타나며 심장병이나 고혈압의 발병위험이 따른다.

각질이 생기고 가려우며 갈라지는 경우 열이 많거나 혈액 부족으로 나타나는 증상으로 매운 음식이나 뜨거운 음식을 먹지 않는 것이 좋다.

패디 아트

▶ **아트하기**

케어한 후에는 고객이 원하는 아트를 한다. 그동안 보습크림을 스패튤라로 떠서 발바닥 전체에 펴 발라 보습을 하고 종아리 붓기를 빼기 위해 쿨링크림을 바르고 발가락을 제외한 발에 랩을 씌워둔다. 그리고 아트를 하기 전에 토 세퍼레이터를 끼운다.

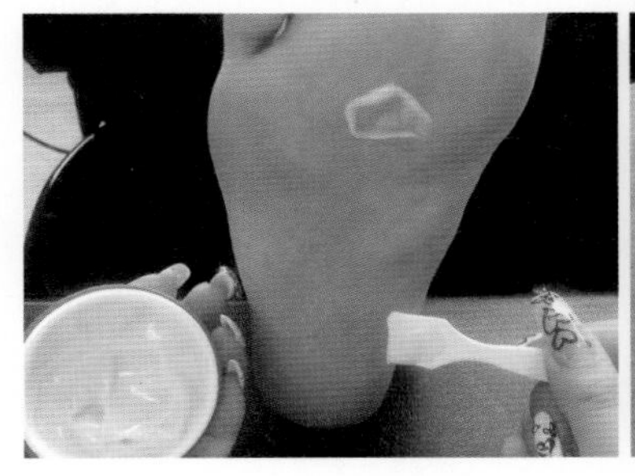

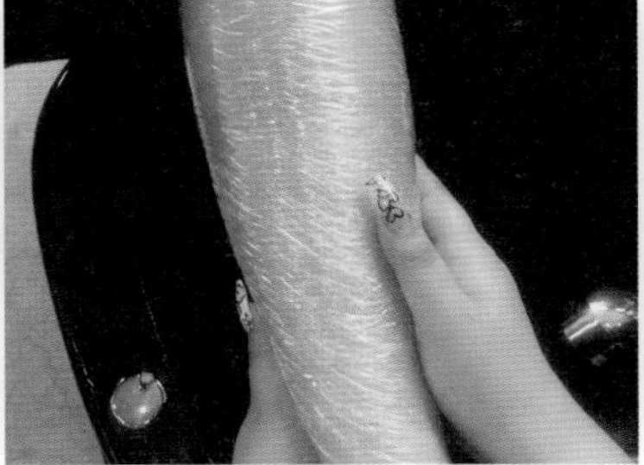

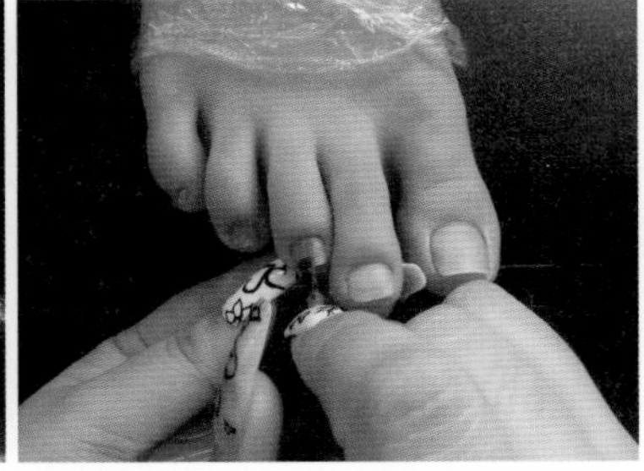

← 발바닥에 보습크림 바르기
— 쿨링크림 바르고 랩 씌우기
→ 컬러링하기

젤 연장-젤팁 오버레이

Gel Tip Overlay

젤 연장의 개념

익스텐션extension은 늘이기 또는 확장이라는 뜻으로 네일 익스텐션에는 아크릴릭 시스템을 이용한 익스텐션, 실크를 이용한 익스텐션, 젤을 이용한 익스텐션, 그리고 인조 팁을 이용한 익스텐션 등이 있다. 젤 익스텐션에는 젤 전체로 연장하는 방법과 팁을 이용하여 연장하는 젤팁 오버레이가 있다.

오버레이overlay는 '덮어씌우다'라는 뜻으로 네일 미용에서는 손톱을 포장하는 것을 일컫는다. 오버레이의 종류에는 보디 전체를 아크릴릭 시스템을 이용하거나, 젤을 이용하여 오버레이를 하거나, 팁을 이용하여 오버레이하는 방법이 있다. 살롱에서는 냄새가 많이 나는 아크릴릭 시스템 오버레이보다는 인조 팁을 이용한 젤팁 오버레이를 사용하고 있다. 이와 같은 젤팁 오버레이는 다양한 색상의 컬러 젤과 인조 팁을 사용할 수 있으며 다른 인조 네일보다 빠른 시간 안에 관리할 수 있다.

젤 연장은 손톱이 짧은 고객이나 손톱을 물어뜯는 습관이 있는 고객이 관리를 받는다면 예쁘고 여성스러운 손을 지닐 수 있게 해준다.

관리재료

기본 재료, 파일, 팁, 젤 글루, 글루 드라이어, 팁 커터기 또는 클리퍼, 프라이머, 베이스 젤, 탑젤, 클리어 젤, 젤 클렌저, 젤 브러시, 젤 램프기, 드릴머신, 메탈비트, 오일

젤팁 오버레이 재료

젤팁 오버레이 관리과정

▸ 프리퍼레이션

프리퍼레이션preparation은 손톱의 셰이프를 잡고 루즈 스킨을 깨끗하게 제거하고 팁과 젤이 떨어지지 않도록 에칭을 준다. 먼지를 깨끗하게 털어내고 젤 클렌저로 표면의 유분기를 없애준다.

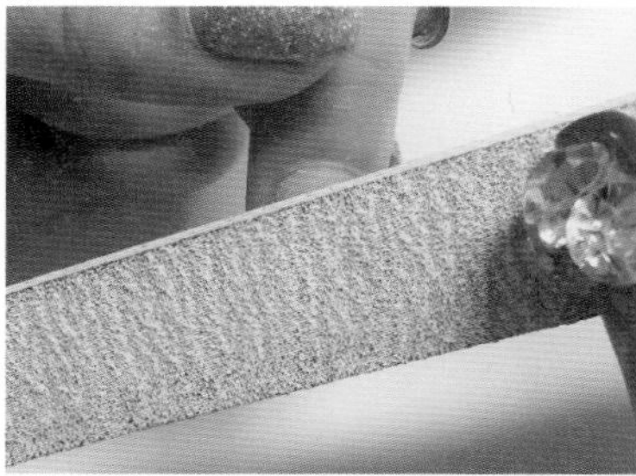
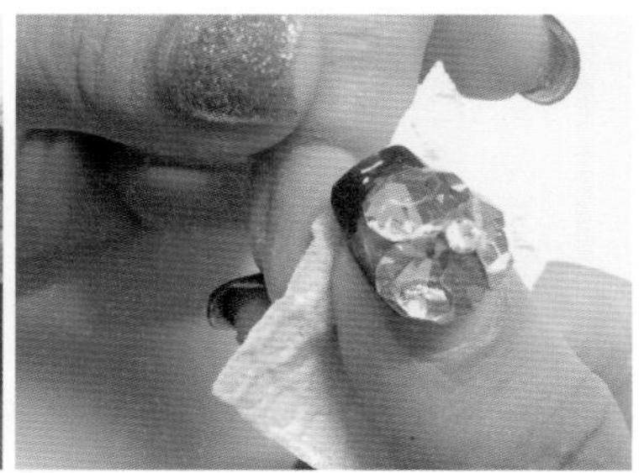

← 루즈 스킨 제거하기
— 에칭 주기
→ 유분기 제거하기

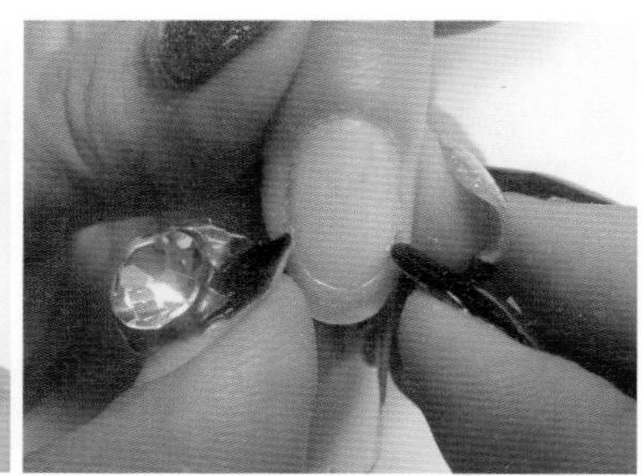

← 젤 글루 바르기
— 팁 붙이기
→ 네일 사이드 붙이기

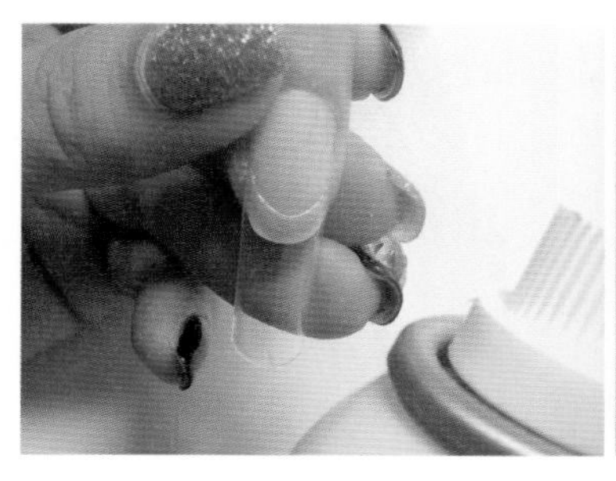

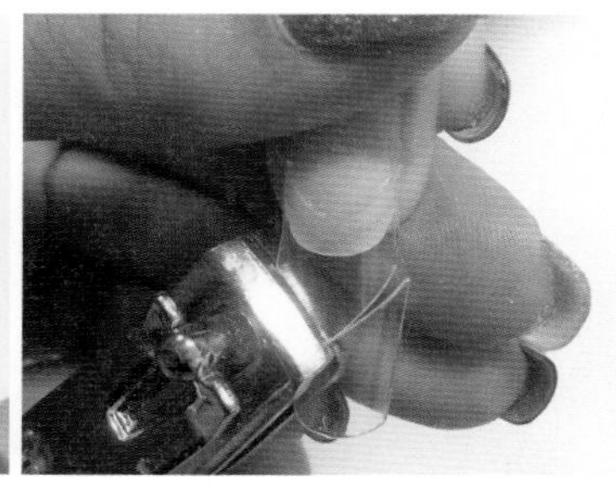

← 건조하기
— 클리퍼로 오른쪽 자르기
→ 클리퍼로 왼쪽 자르기

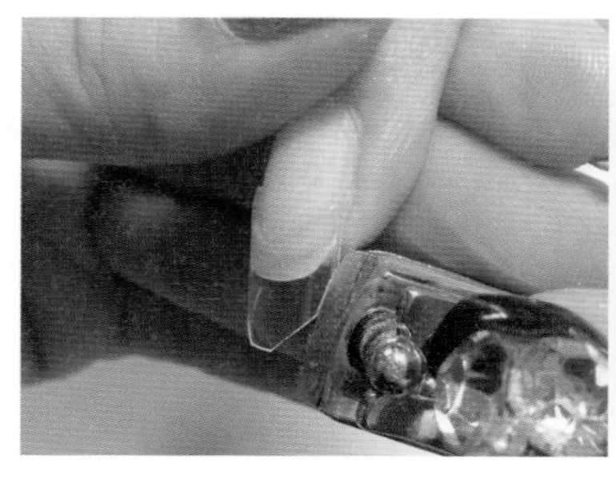

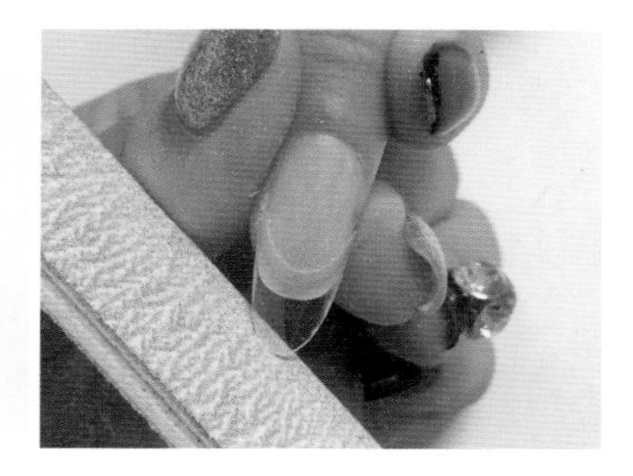

← 오벌 셰이프로 오른쪽 자르기
— 오벌 셰이프로 왼쪽 자르기
→ 파일로 셰이프 잡기

▶ **팁 붙이기**

팁의 웰well 부분을 꼼꼼하게 젤 글루로 바른 후 45°를 기울여서 천천히 붙여주어야 기포가 생기지 않는다. 스트레스 포인트 부분의 네일 사이드가 뜨지 않도록 양쪽 손톱의 엄지 보다나 또는 한쪽 손톱의 엄지와 검지의 프리에지를 사용하여 누른 후 글루 드라이어를 뿌려 건조시킨다.

▶ **네일 길이 조절과 셰이프 잡기**

클리퍼를 사용하여 네일 길이를 조절한 후 셰이프를 잡는다. 오벌형으로 셰이프를 만들 때는 클리퍼로 V자로 자른 후 파일링을 하면 시간이 단축된다.

▶ **팁턱 갈기**

파일을 사용하여 팁턱을 제거해도 되지만 시간을 단축하기 위해 드릴머신메탈비트을 사용하여 팁턱을 제거한다. 메탈비트의 각도는 0°를 유지해야 자연 손톱이 손상되지 않는다.

▶ **프라이머 바르기**

프라이머는 약한 산성으로 손톱 표면의 단백질을 녹이는 성분이 있으므로 가급적 피부에 닿지 않도록 주의한다. 클리어 팁에 닿을 경우 팁의 색상이 누렇게 변하는 경우가 있으므로 주의한다.

▶ **베이스 젤 바르기**

클리어 젤의 종류에 따라서 바르지 않아도 되며 베이스 젤을 바른 후 큐어링한다.

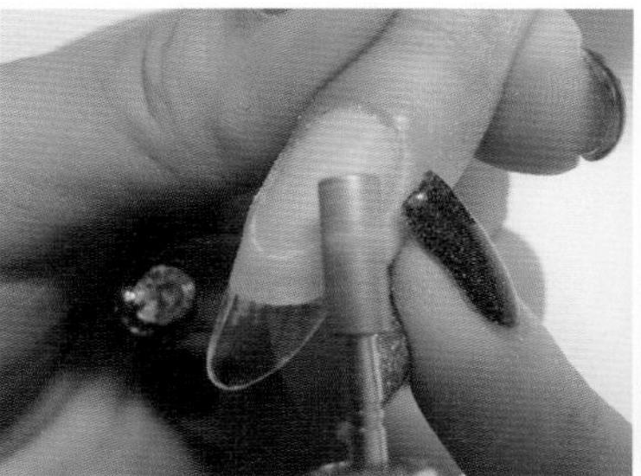
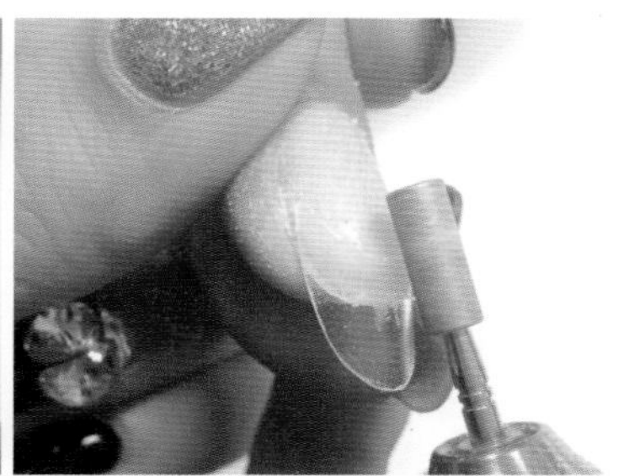

← 파일을 사용한 팁턱 제거하기
— 드릴머신을 사용한 팁턱 제거하기
→ 측면

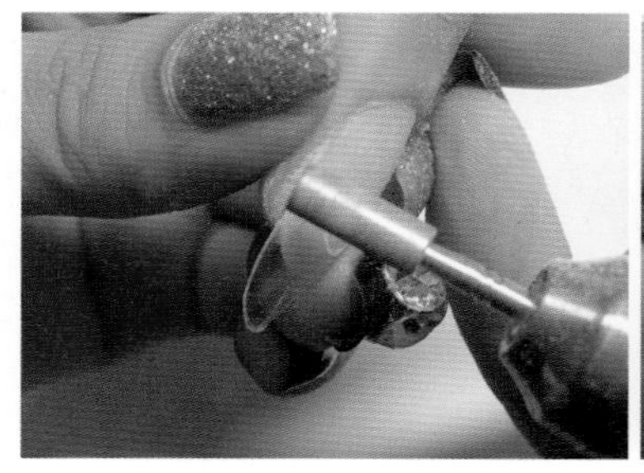
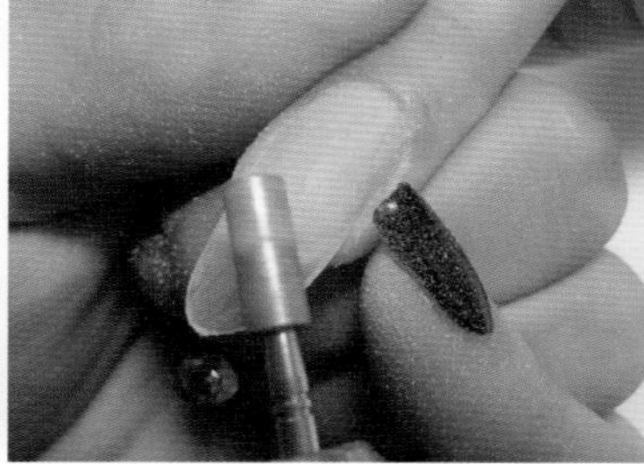
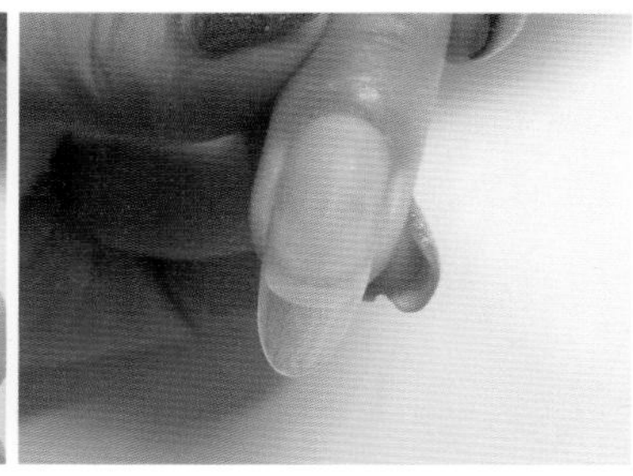

← 네일 사이드 팁턱 제거하기
— 전체 표면 정리하기
→ 팁턱 제거 완성하기

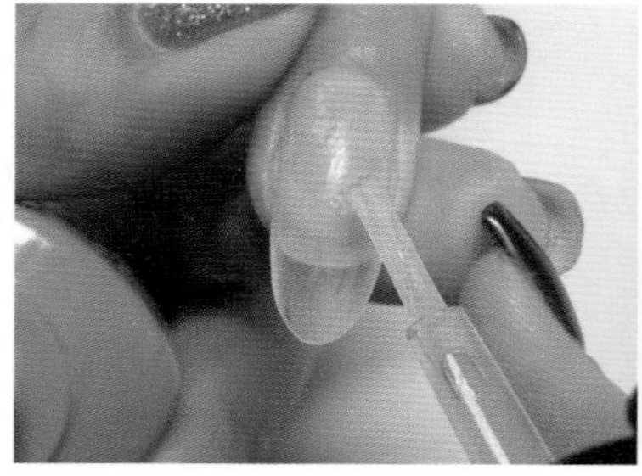
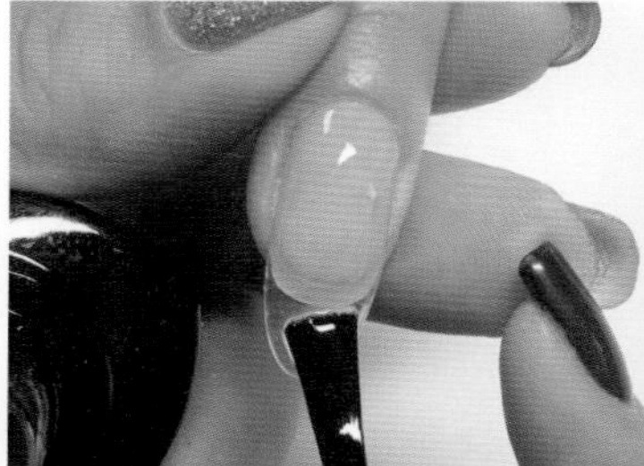

← 프라이머 바르기
— 베이스 젤 바르기
→ 클리어 젤 양 조절하기

← 전체 바르기
— 브러시 세우기
→ 부족한 부분 채우기

▶ **클리어 젤 올리기**

클리어 젤로 두께를 만들 때 적당한 두께와 자연스러운 하이 포인트로 기포가 생기지 않도록 주의한다. 얇게 올릴 경우에는 컬러링을 하듯이 브러시를 쓸어주고, 두껍게 올릴 경우에는 하이 포인트 부분에 클리어 젤을 올린 후 브러시를 수직으로 세워 세로로 끌어주면서 높이를 맞춘다.

▶ **1차 젤 클렌저로 미경화 젤 닦기**

큐어링한 후 표면에 남아 있는 미경화 젤분산막을 닦아야 끈적이지 않고 파일링을 할 수 있다.

▶ **표면 정리하기**

파일 또는 샌딩블록으로 표면을 매끄럽게 정리해도 되지만 시간을 단축하기 위해 드릴머신메탈비트을 사용하여 표면을 정리한다.

▶ **탑젤 바르기**

탑젤을 바른 후 큐어링한다.

▶ **2차 젤 클렌저로 미경화 젤 닦기**

표면에 남아 있는 미경화 젤분산막을 닦는다.

▶ **완성하기**

큐티클 라인에 오일을 발라주고, 핸드로션을 바른 후 마무리한다.

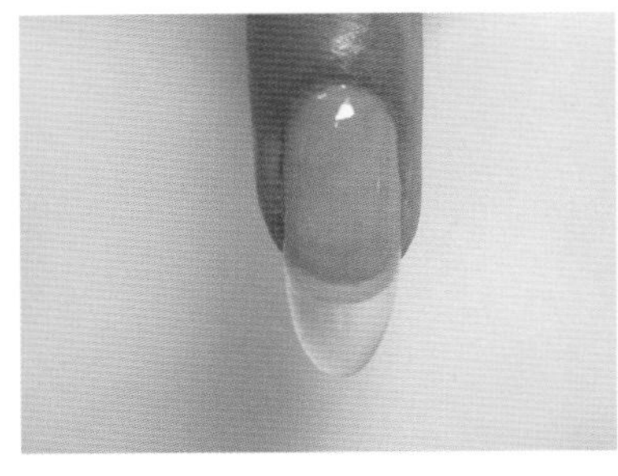
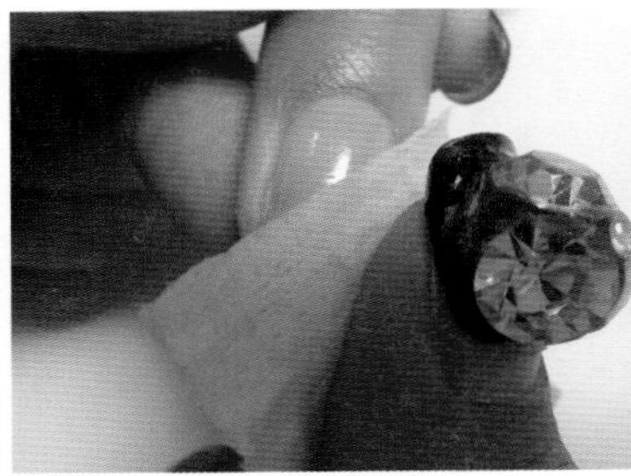

← 큐어링 후 네일 모양 확인하기
— 1차 미경화 젤 닦기
→ 파일을 사용한 표면 정리하기

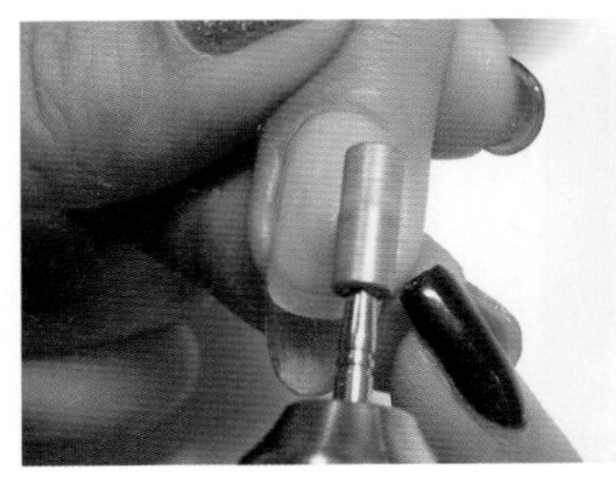
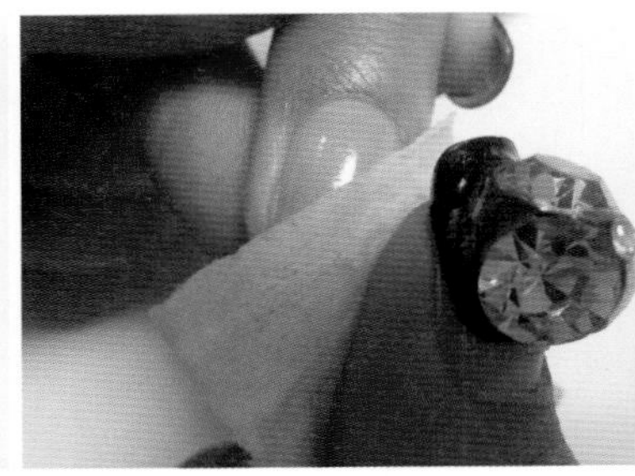

← 드릴머신을 사용한 표면 정리하기
— 젤 클렌저로 표면 닦기
→ 탑젤 바르기

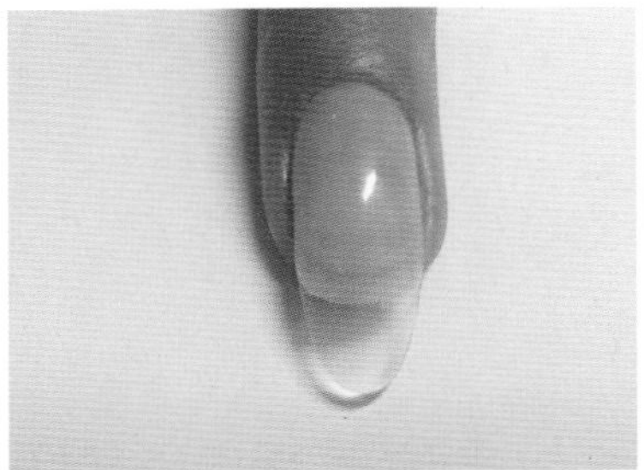

← 2차 미경화 젤 닦기
— 완성하기(정면)
→ 완성하기(측면)

젤 제거

Soak Off

젤 제거의 개념

젤 제거soak off에는 드릴이나 파일로 제거하는 방법, 푸셔를 이용하여 큐티클 라인을 들뜨게 한 다음 인위적으로 제거하는 방법, 그리고 아세톤을 이용하여 쉽고 간단하게 녹이는 방법 등이 있다.

하드 젤의 경우 글루와 비슷한 성분으로 접착력이 있고 지속력이 강해 파일이나 드릴을 사용하여 젤을 제거하며, 소프트 젤의 경우 젤 리무버를 이용하여 제거했으나 현재는 주로 드릴을 사용하여 젤을 제거한다.

드릴로 제거할 경우 속도가 빠르고 기계를 사용하여 편하다는 장점은 있으나 손톱의 손상과 안전을 위한 지식과 기술이 필요하며 파일링 시 가루가 많이 날리는 단점이 있다. 푸셔로 인위적으로 들뜨게 하여 제거하는 경우에도 자연 손톱의 보디가 손상되므로 주의가 필요하다.

현재 살롱에서는 드릴로 제거한 후 젤 리무버를 이용하여 푸셔로 남아 있는 젤을 제거하고 다시 드릴로 정리하는 방법을 많이 사용하여 손의 손상을 최소화하고 있다. 또한 현재 젤의 제거 시에 나타나는 단점을 보완하여 젤 리무버로 자연적으로 녹게 하여 손톱의 손상도를 줄여주는 속오프 젤soak off gel이 개발되어 활용되고 있다.

파츠가 있는 경우 아세톤 또는 젤 리무버를 사용해 젤을 녹여서 분리해내거나 막니퍼를 사용해서 떼어낸다. 막니퍼를 사용할 경우 파츠만 떨어지지 않고 자연 손톱에 붙어 있던 젤까지 같이 떨어지면서 자연 손톱을 손상시킬 수 있으므로 주의한다.

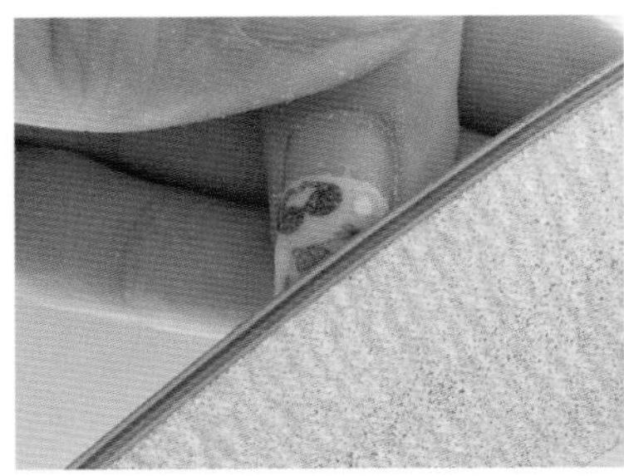

← 탑젤 파일링하기
→ 젤 리무버 묻히기

젤 제거과정

▶ **탑젤 파일링하기**

180그릿grit 또는 샌딩블록을 사용해 탑젤을 먼저 파일링한다.

▶ **젤 리무버 올리기**

네일 크기의 화장솜에 젤 리무버를 묻혀 네일 위에 올린 후 호일로 감싼다.

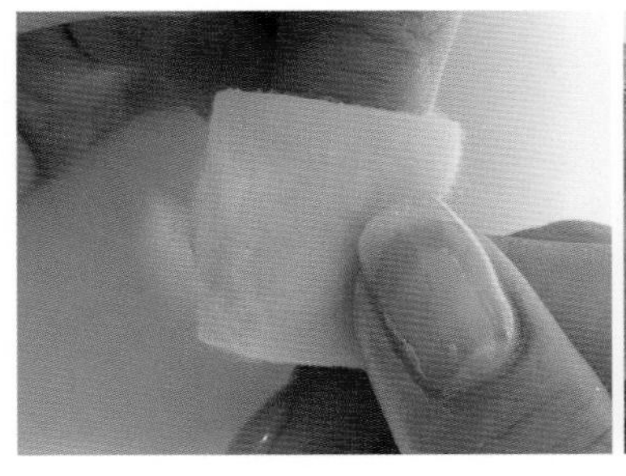

← 솜 올리기
— 호일 감싸기
→ 10~15분간 감싸기

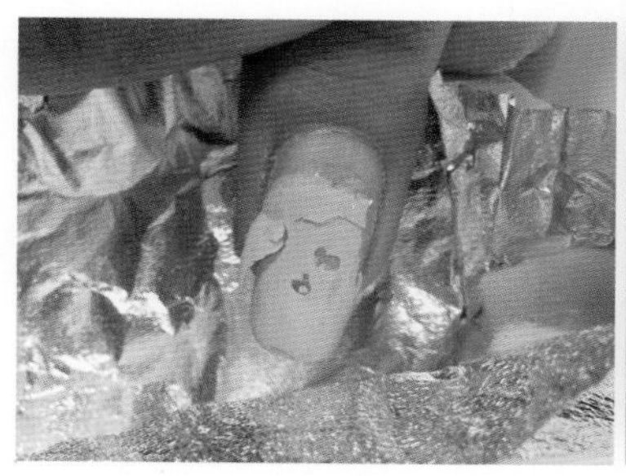
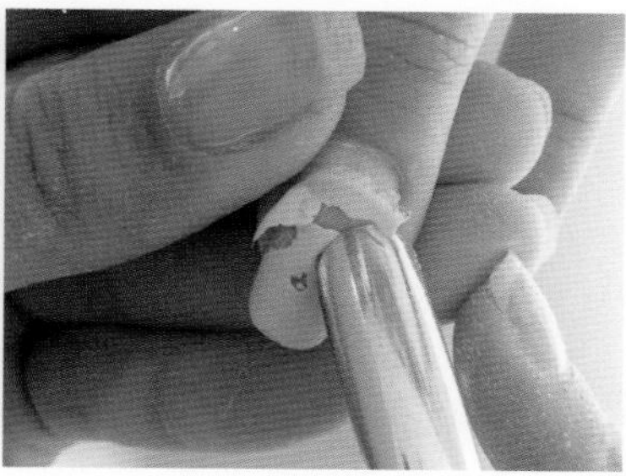

← 호일 떼어내기
→ 푸셔로 밀기

▶ **푸셔로 밀기**

젤의 종류에 따라 10~15분 경과한 후 솜과 호일을 제거하고 남은 잔여물은 오렌지 우드스틱이나 푸셔로 가볍게 밀어준다. 남아 있는 젤을 강제로 벗길 경우 자연 손톱이 손상되므로 파일 또는 샌딩블록으로 파일링한다.

▶ **표면 정리하기**

젤 제거 후 다시 젤 관리를 할 경우에는 케어를 하고, 젤 관리를 하지 않을 경우에는 광버퍼를 사용하여 표면을 정리한다.

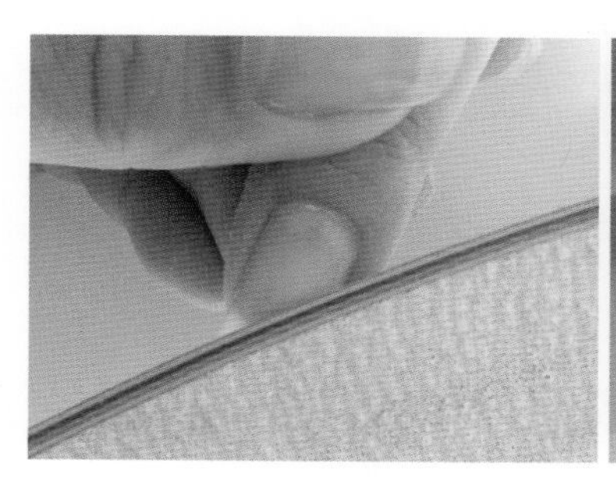
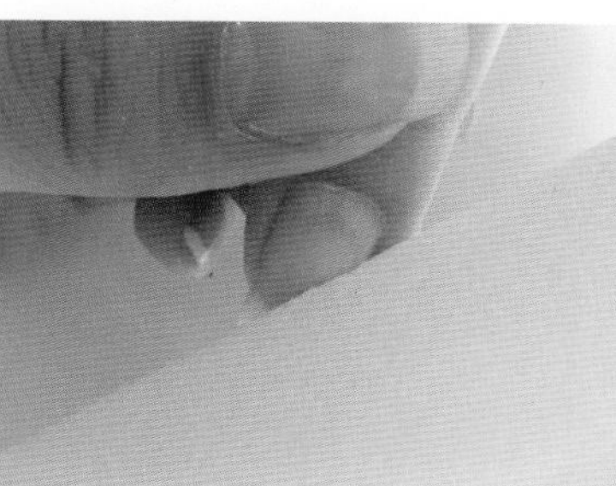
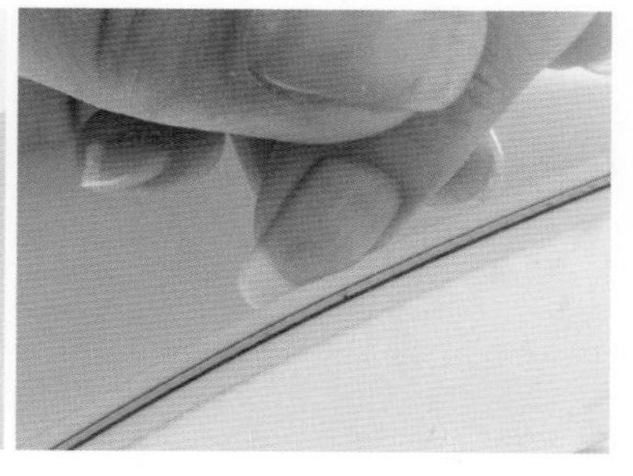

← 남은 젤을 파일링하기
— 샌딩하기
→ 광택내기

드릴머신

Drill Press

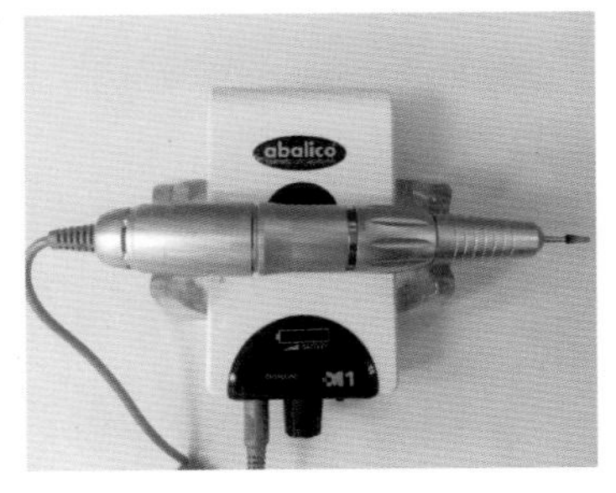

드릴머신

드릴머신은 전기 동력을 이용하여 파일링을 빠르고 매끄럽게 해주는 기계로 일렉트로파일 또는 그라인더머신이라고도 불린다. 다양한 비트를 사용하여 인조 네일의 제거뿐만 아니라 건식 케어루즈 스킨 제거도 할 수 있다.

드릴머신은 파일링의 힘든 작업을 기계로 대체해주므로 작업속도가 빨라지고 능률이 향상되도록 도움을 준다. 또한 어깨통증을 완화하는 데에도 도움이 되며, 젤 제거 시 시간이 단축되는 효과가 있어 능률적이며 섬세하고 퀄리티가 높은 작업을 할 수 있도록 해준다.

드릴머신의 활용

▶ **루즈 스킨 제거하기**

큐티클을 정리할 때 루즈 스킨을 깨끗하게 제거하는 데 활용된다.

▶ **네일 주변의 굳은살 제거하기**

손톱과 발톱 주변의 굳은살을 제거하는 데 활용된다.

▶ **발바닥 굳은살 제거하기**

발바닥에 있는 딱딱한 굳은살을 제거하는 데 활용된다.

▶ **인조 네일 프리퍼레이션 작업하기**

팁 시스템, 아크릴릭 시스템, 그리고 젤 시스템 등과 같은 인조 네일을 관리하기 전 유분과 수분이 생기지 않도록 에칭작업을 하는 데 활용된다.

▶ 인조 네일 길이 조절하기

인조 네일의 길이를 조절하는 데 활용된다.

▶ 표면 정리하기

네일의 표면을 정리하는 데 활용된다.

▶ 인조 네일 제거하기

팁 시스템, 아크릴릭 시스템, 그리고 젤 시스템 등으로 관리된 인조 네일을 제거soak off하는 데 활용된다.

드릴머신의 사용법

▶ RPM 지수

RPM은 1분 안에 모터가 돌아가는 회전수로 드릴머신에 따라 25,000~35,000RPM까지 다양하다.

네일 케어에 적당한 RPM 지수는 10,000~15,000RPM 또는 8,000~10,000RPM이며, 페디큐어 시 굳은살 제거에 적당한 RPM 지수는 20,000RPM 또는 15,000RPM이며, 인조 네일 제거 시 적당한 RPM 지수는 20,000RPM 또는 12,000~15,000RPM이다. 또한 제품마다 RPM의 강도가 다를 수 있으므로 확인 후 사용한다.

▶ 드릴머신 방향

드릴머신의 방향은 2가지가 있으며 포터블머신portable machine의 드릴 방향은 포워드forward 또는 리버스reverse로 표시되며 스탠드머신stand machine의 드릴 방향은 라이트right 또는 레프트left로 표시된다. 정방향인 Fforward 또는 Rright은 시계반대방향으로 회전하기 때문에 네일에 닿는 부분은 왼쪽에서 오른쪽으로 회전하며, 오른손잡이일 경우 오른쪽에서 왼쪽으로 핸드피스로 곡선을 그리며 드릴링한다.

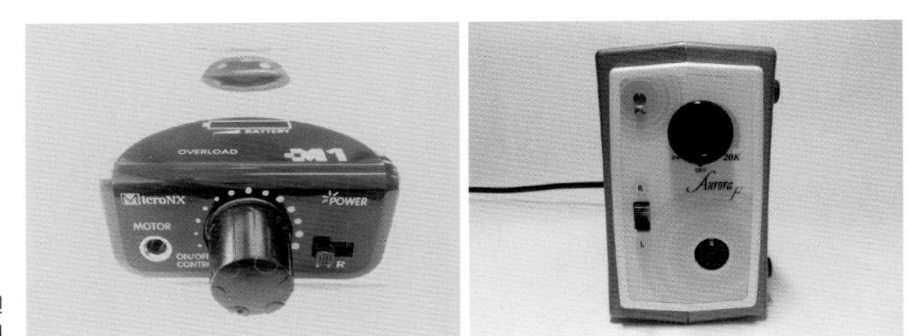

← 포터블머신
→ 스탠드머신

역방향인 Rreverse 또는 Lleft는 시계방향으로 회전하기 때문에 네일에 닿는 부분은 오른쪽에서 왼쪽으로 회전하며 왼손잡이일 경우 왼쪽에서 오른쪽으로 핸드피스로 곡선을 그리며 드릴링한다.

방향 표시는 제품마다 다르게 표시되어 있으므로 확인 후 사용한다.

▶ 전원

전원은 파란불이 들어왔을 때는 드릴이 작동 중인 것으로 제대로 끄지 않고 놔둘 경우 모터가 계속 돌아가게 되어 고장의 원인이 될 수 있다.

▶ 배터리

2시간을 충전하면 RPM 지수에 따라 8~16시간 사용가능하며 RPM 지수가 높을수록 배터리가 빨리 소모된다. 충전시간은 기계의 종류에 따라 다르며 배터리양이 3칸으로 표시된 경우에는 1칸으로 줄어들었을 때 충전한다.

▶ 풋 페달

페디큐어할 때 편리하며 포터블머신의 경우 깜빡이는 파란불이 완전히 켜져 있으면 발을 떼도 사용이 가능하다.

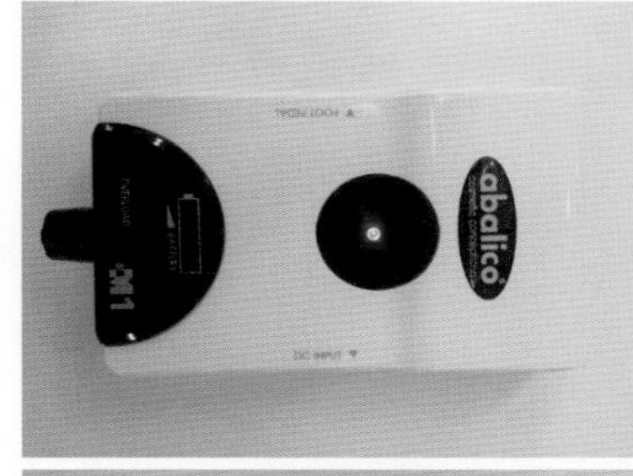

← 전원과 배터리 잔량 표시
→ 풋 페달

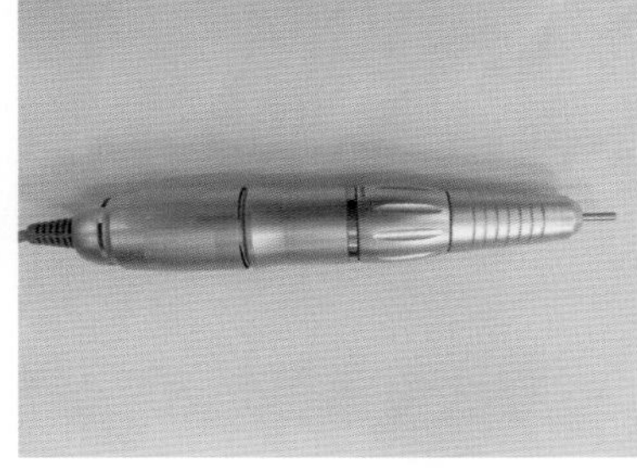

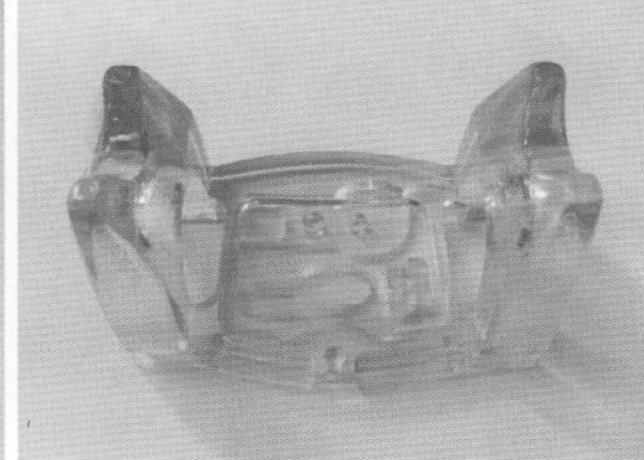

← 핸드피스
→ 실리콘 거치대

▶ 핸드피스

드릴머신에서 가장 중요한 모터가 있는 부분은 떨어뜨리지 않도록 드릴머신이 올려져 있는 실리콘 거치대에 올려놓고 사용한다. 비트를 교체할 때는 오픈open 방향으로 소리가 날 때까지 돌리며, 드릴머신을 사용한 후에는 안전핀bar을 끼워서 모터가 손상되지 않도록 한다.

핸드피스는 연필을 잡듯이 잡고, 네일과 평행이 되게 손톱 굴곡에 따라 드릴을 최대한 길게 써주는 것이 좋다.

▶ 비트

비트는 드릴머신에서 큐티클을 정리하거나 인조 네일을 파일링할 때 사용되는 파일과 같은 용도이다. 비트와 네일의 각도는 평행을 유지해야 네일이 손상되지 않으며 비트의 방향과 RPM을 체크한 후 사용하면 자연 네일이 손상되는 것을 방지할 수 있다.

살롱에서 젤 네일 관리가 대중화되면서 드릴머신을 사용한 케어와 젤 제거를 많이 하며, 고객의 비트를 보관하기도 한다. 비트를 끼울 때는 0.5~1cm 정도 본체에서 거리를 두거나 네일 보디 길이에 맞추어 사용하면 편리하다.

비트에 따라 그릿수가 다르며 비트 아랫부분의 선은 비트의 그릿수를 표시한다. 빨간색을 기준으로 초록색은 거친 것을 의미하며 파란색은 부드러운 그릿수를 표시한다.

파일링에서는 캐머비트, 카바이드비트, 다이아몬드비트 및 스톤비트가 있고 이중 캐머비트가 가장 단단하며 스톤비트의 강도가 가장 약하다. 캐머비트, 카바이드비트 및 다이아몬드비트는 케어와 젤이나 아크릴의 속오프에 사용하며, 다이아몬드비트의 속오프 속도는 약간 느리며 약하기 때문에 잔여물이 달라붙는다. 비트의 잔여물을 녹일 때는 퓨어아세톤에 담가 제거한다. 비트를 소독할 때는 알코올로 소독한 후 깨끗하게 말린 다음 자외선소독기로 소독한다.

비트의 모양에 따른 분류

· 볼비트: 둥근 모양으로 네일 월wall의 굳은살 제거 시에 사용한다.
· 실린더셰이프: 원통 모양으로 리프팅된 부분을 파일링할 때 사용한다.
· 콘비트: 콘 모양으로 큐티클 라인에 닿아도 상관없으며 루즈 스킨, 굳은살 제거 및 젤 제거 시에 사용한다.
· 슬림콘비트: 끝이 뭉툭하고 가느다란 막대 모양으로 루즈 스킨, 굳은살 제거, 큐티클 라인 및 네일 사이드의 잔여 젤이 남아 있을 때 사용한다.
· 어큐트비트: 콘 모양으로 콘비트보다는 약간 뭉툭하며 푸셔와 같은 역할로 큐티클을 밀어주고 커팅할 때 사용한다.

비트의 재질에 따른 분류

· 스톤비트: 큐티클 케어와 굳은살 제거 시에 사용한다.
· 메탈비트: 인조 네일을 제거할 때나 길이와 셰이프를 조절할 때 사용한다.
· 사포비트: 발의 각질과 굳은살 제거 시에 사용한다.
· 더스트 브러시비트: 먼지를 제거할 때 사용한다.

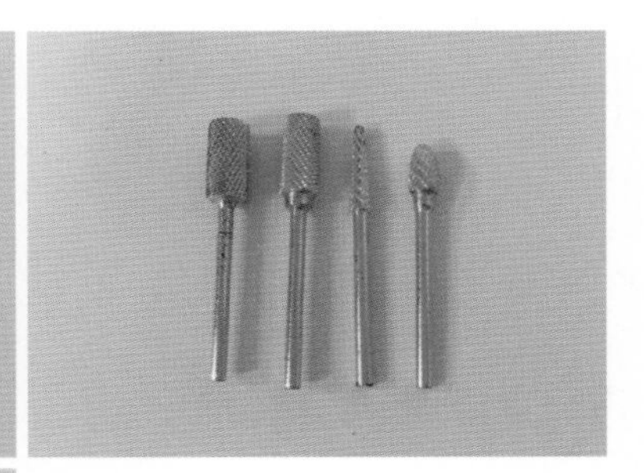

← 스톤비트
— 다이아몬드비트
→ 카바이드비트

← 사포비트
→ 더스트 브러시비트

드릴머신을 사용한 케어-프리퍼레이션

▸ **셰이프 잡기**

고객이 원하는 네일의 셰이프를 잡는다.

▸ **에칭 주기**

180그릿grit 또는 샌딩블록을 사용하여 네일 표면을 가볍게 에칭을 준 후 먼지를 제거한다.

▸ **큐티클 밀기**

철제 푸셔 또는 스톤 푸셔로 큐티클을 밀어준다.

← 셰이프 잡기
→ 에칭 주기

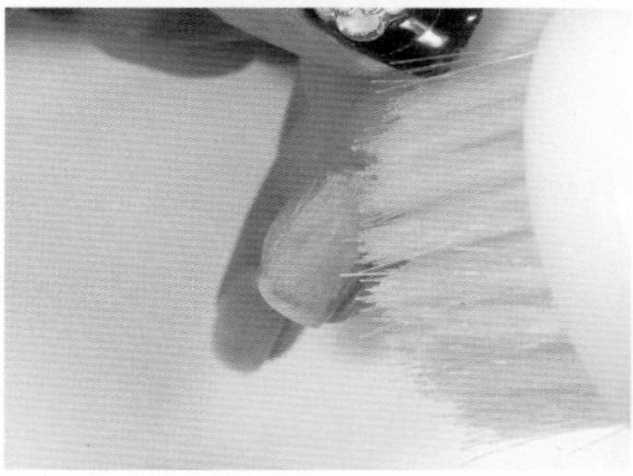

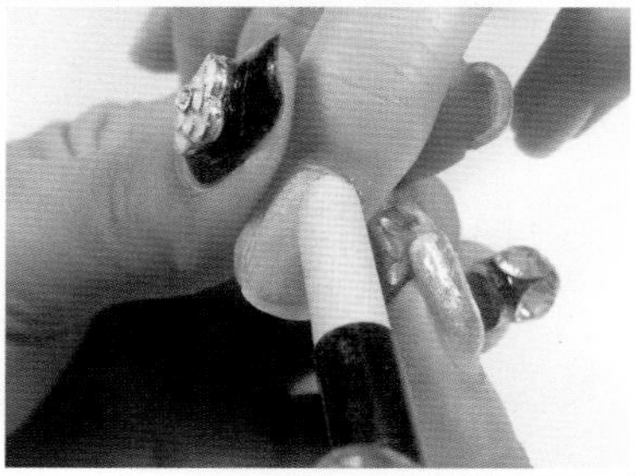

← 먼지 털어내기
→ 큐티클 밀기

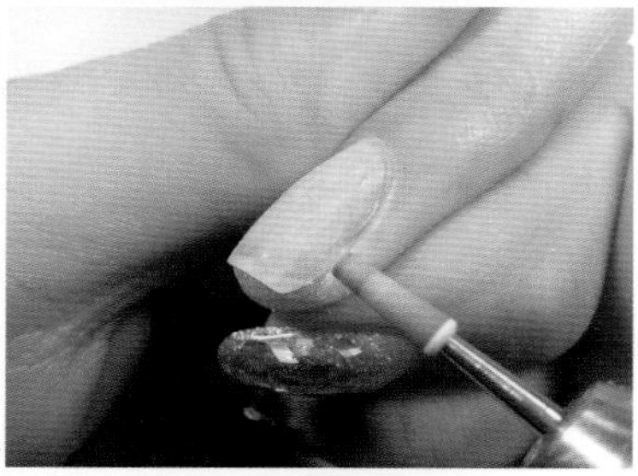

← 큐티클 정리하기
→ 오른쪽 사이드 굳은살 정리하기

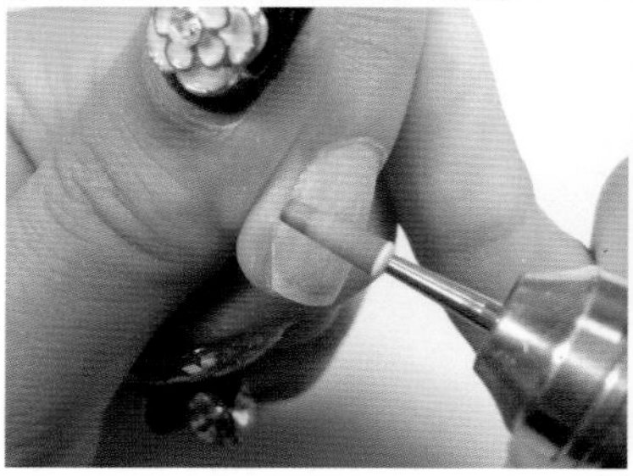

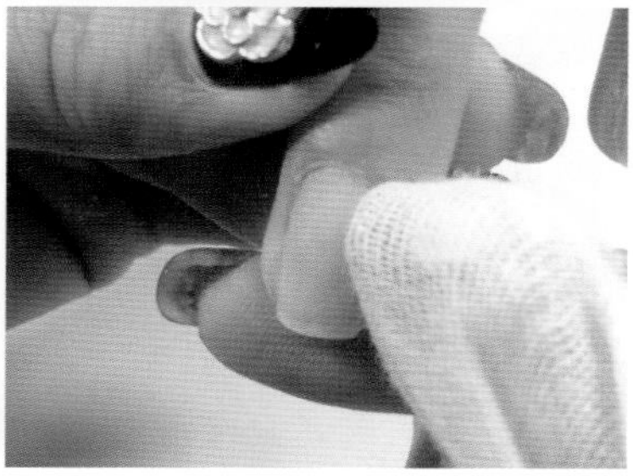

← 왼쪽 사이드 굳은살 정리하기
→ 큐티클 라인 거스러미 제거하기

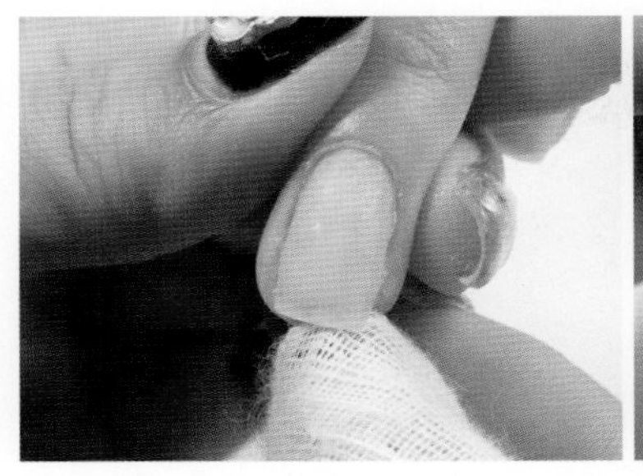

← 프리에지 거스러미 제거하기
→ 젤 클렌저로 닦기

▶ **큐티클 정리하기**

스톤비트를 사용하여 큐티클을 정리하며, 이때 큐티클 라인에 따라 비트를 곡선형태로 움직여야 큐티클이 손상되지 않는다.

▶ **마무리하기**

물티슈 또는 거즈를 사용하여 남아 있는 거스러미를 제거한 후 젤 클렌저로 닦는다.

드릴머신을 사용한 젤 제거-속오프

▶ **파츠 제거 및 탑젤 제거하기**

파츠나 스톤이 올려져 있는 경우 막니퍼를 사용하여 제거한 후, 180 그릿grit이나 드릴로 탑젤을 제거한다.

← 파일을 사용한 탑젤 제거하기
→ 드릴을 사용한 탑젤 제거하기

← 1차 젤 제거하기
→ 2차 젤 제거하기

← 프리에지 부분의 젤 제거하기
→ 큐티클 라인 정리하기

→ 완성하기

▸ **젤 제거하기**

네일 보디의 젤을 제거할 때는 비트와 손톱의 각도가 평행으로 유지되어야 자연 손톱이 손상되지 않으며 손목에 힘을 빼고 위에서 아래로 드릴링한다.

▸ **프리에지 부분 젤 제거하기**

프리에지 부분에 젤이 남아 있을 경우 비트의 각도를 프리에지의 기울기에 맞추어 프리에지 중앙 부분을 향해 사선으로 드릴링하여 자연 손톱 사이드 부분의 손상을 줄인다. 메탈비트의 경우 피부에 닿으면 상처가 나거나 화상을 입을 수 있으므로 피부에 닿지 않도록 주의한다.

▸ **표면 정리하기**

젤을 제거할 때는 먼저 세로 방향으로 드릴링해준 후 전체적으로 표면을 정리할 때는 오른쪽에서 왼쪽 방향 또는 왼쪽에서 오른쪽 방향으로 가볍게 드릴링한다. 젤 제거 후 젤 아트를 할 경우에는 베이스 젤을 남겨두는 것이 자연 손톱의 손상을 줄일 수 있다.

▸ **완성하기**

젤 클렌저로 표면을 닦는다.

CHAPTER 3

Nail Salon Artistic tasks

네일살롱의 아트 직무

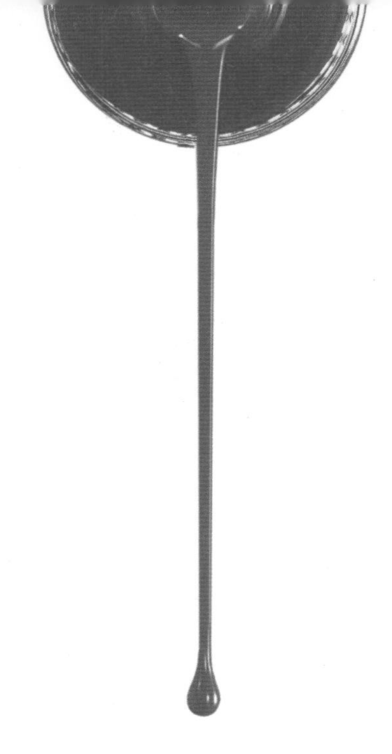

폴리시 젤 컬러링

Polish Gel Coloring

폴리시 젤의 개념

폴리시 젤은 젤의 점성을 묽게 하여 폴리시 병 용기에 담아 누구나 편하게 매니큐어를 얇게 바르듯이 바른 후 UV 램프기나 LED 램프기에서 경화시키는 젤이다.

기존의 에나멜이 바르고 난 후 건조 시간이 오래 걸리는 것에 비해 폴리시 젤은 쉽고 건조 시간이 짧아 편리하게 컬러링을 할 수 있는 장점이 있다.

또한 에나멜보다 광택이 뛰어나며, 벗겨짐이 없이 지속시간이 길고 넓은 보디의 모양 교정에도 뛰어나다.

관리재료

기본 재료, 파일, 젤 본더(프라이머), 베이스 젤, 탑젤, 폴리시 젤, 젤 클렌저, 젤 램프기, 오일

폴리시 젤 재료

폴리시 젤의 관리과정

▶ **젤 본더 바르기**

에칭된 네일 보디에 젤 본더를 얇게 바른다.

▶ **베이스 젤 바르기**

베이스 젤을 얇게 바른 후 큐어링한다.

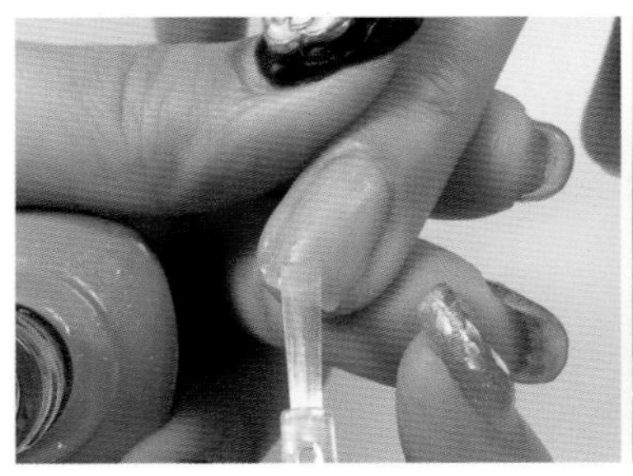

← 젤 본더 바르기
— 베이스 젤 바르기
→ 프리에지 바르기

← 1차 폴리시 젤 바르기(1coat)
— 2차 폴리시 젤 바르기(2coat)
→ 탑젤 바르기

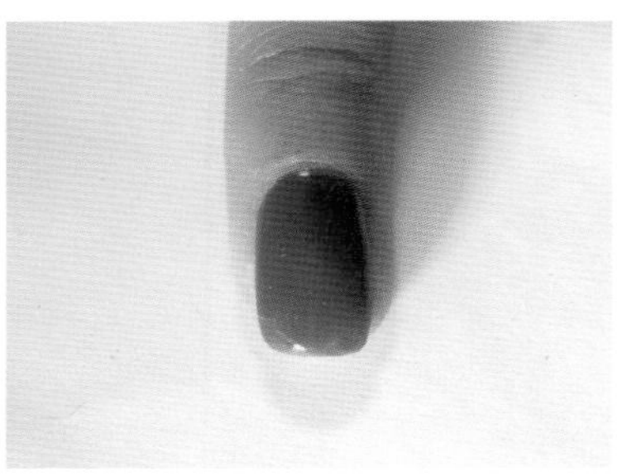

← 젤 클렌저 뿌리기
— 미경화 젤 닦기
→ 완성하기

▶ **1차 폴리시 젤 바르기(1coat)**

1차1coat에는 프리에지부터 바른 후 전체를 바르고 큐어링한다.

▶ **2차 폴리시 젤 바르기(2coat)**

표면이 고르게 보일 수 있도록 양을 조절해서 2차로 바른 후 큐어링 한다.

▶ **탑젤 바르기**

탑젤을 바른 후 큐어링한다.

▶ **젤 클렌저로 미경화 젤 닦기**

표면에 남아 있는 미경화 젤분산막을 닦는다.

▶ **완성하기**

큐티클 라인에 오일을 발라주고 핸드로션을 바른 후 마무리한다.

폴리시 젤 살롱아트

1

2

3

4

5

6

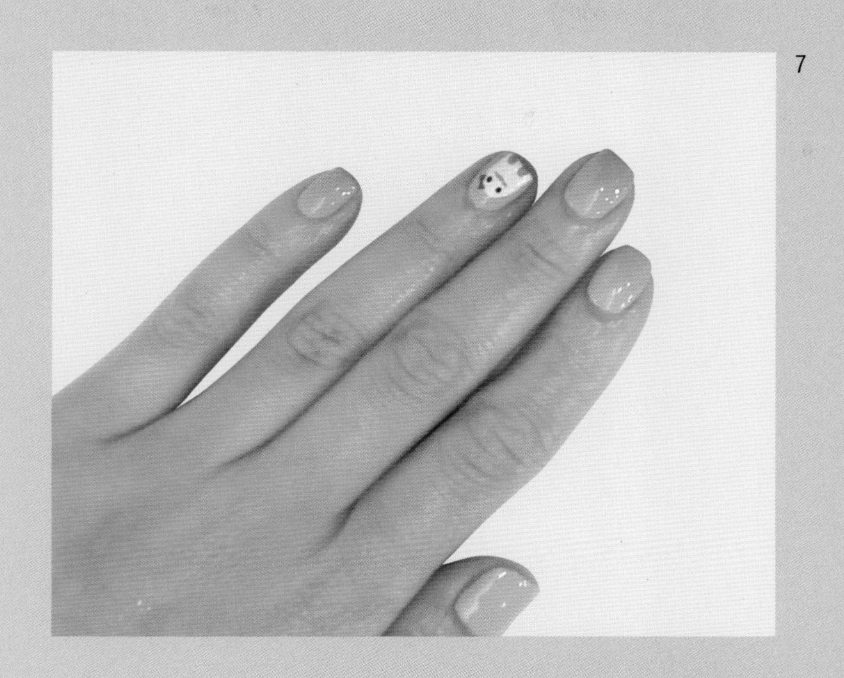

7

8

9

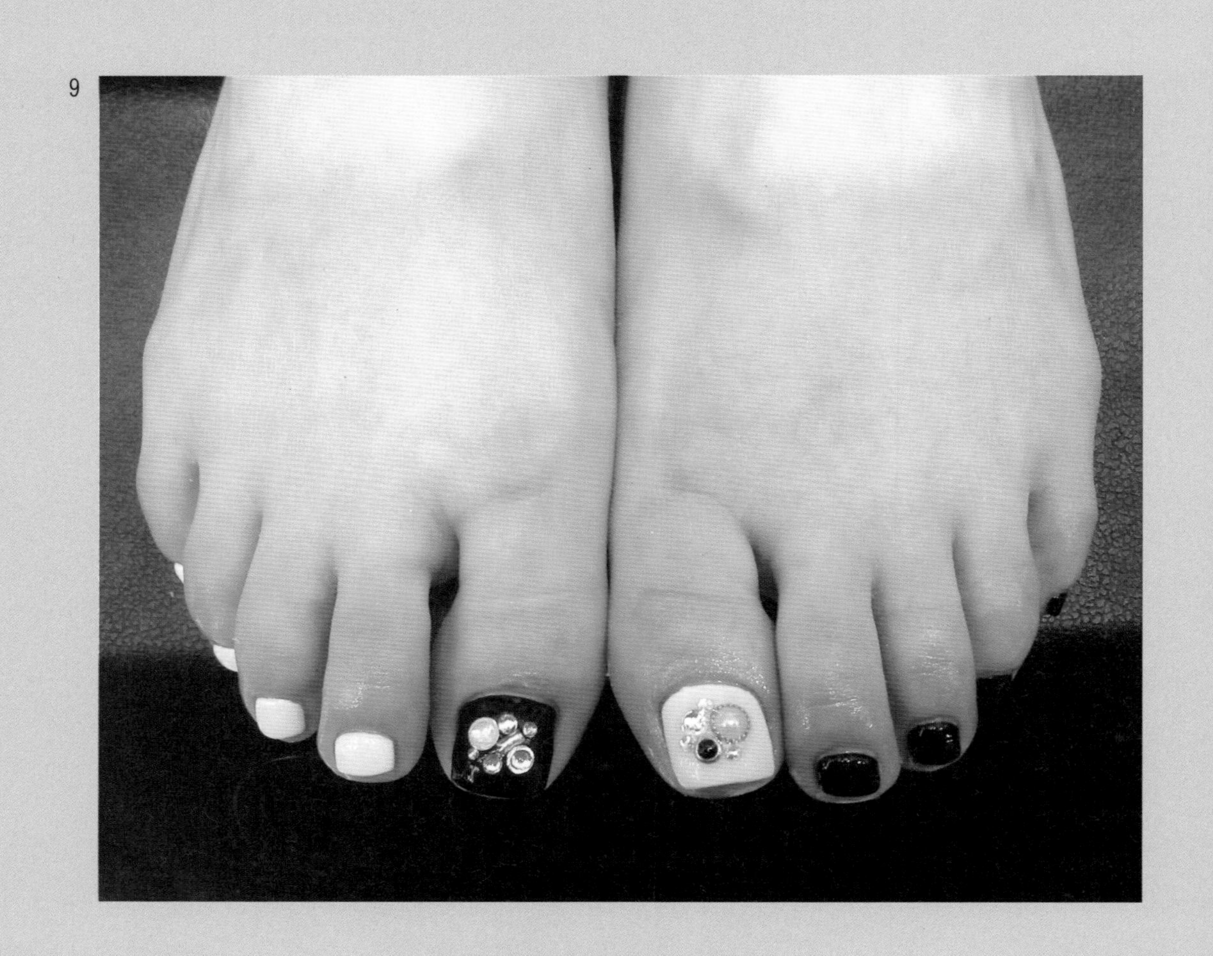

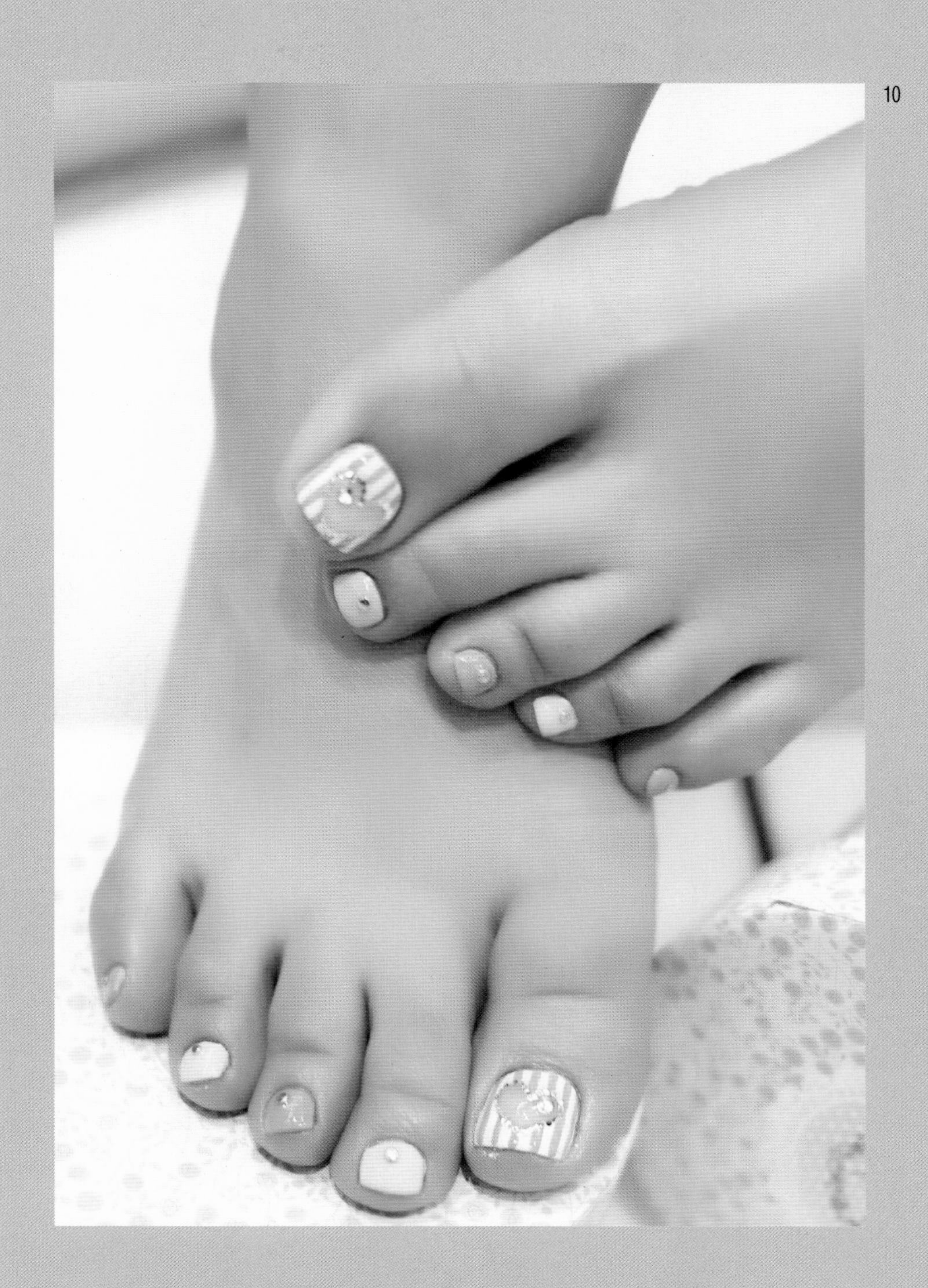

10

폴리시 젤 프렌치 아트

Polish Gel French Art

폴리시 젤 프렌치 아트의 개념

기존의 에나멜이 쉽게 말라서 프렌치 라인을 정교하게 그리기 어려운 것에 비해 폴리시 젤은 바르고 난 후에도 큐어링하기 전까지는 경화되지 않으므로 프렌치 라인을 수정할 수 있는 장점이 있다.

관리재료

기본 재료, 파일, 젤 본더(프라이머), 베이스 젤, 탑젤, 폴리시 젤, 젤 클렌저, 젤 램프기, 오일

폴리시 젤 프렌치 아트 재료

폴리시 젤 프렌치 아트 관리과정

▶ **젤 본더 바르기**

에칭된 네일 보디에 젤 본더를 얇게 바른다.

▶ **베이스 젤 바르기**

베이스 젤을 얇게 바른 후 큐어링한다.

▶ **1차 폴리시 젤 바르기(1coat)**

고객의 손에 어울리는 두께와 라인을 고려하여 프렌치 라인을 그려 준 후 큐어링한다. 프렌치 라인이 두꺼울 경우 가로로 라인을 그려준 후 붓을 세로로 한 다음 젤을 고르게 펴 색상을 고르게 표현한다.

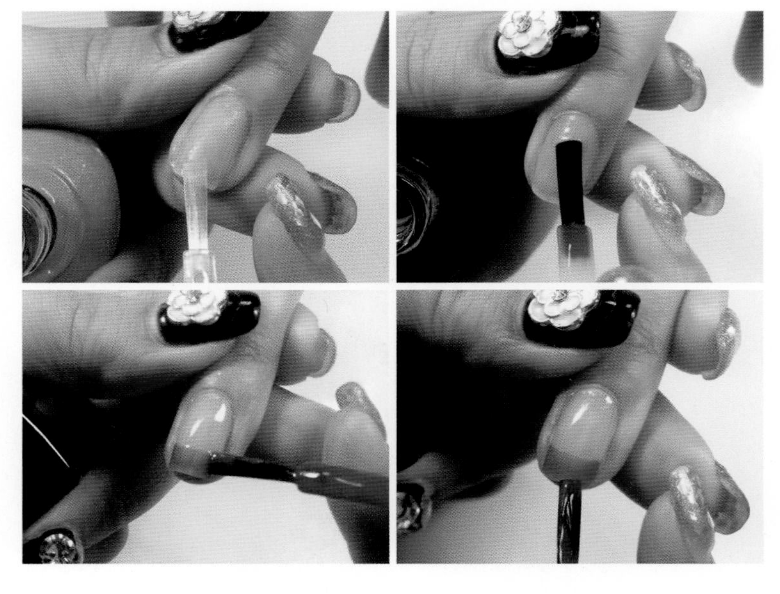

← 젤 본더 바르기
→ 베이스 젤 바르기

← 프렌치 라인 그리기
→ 세로로 브러시 터치하기

← 2차 폴리시 젤 바르기
→ 세로로 브러시 터치하기

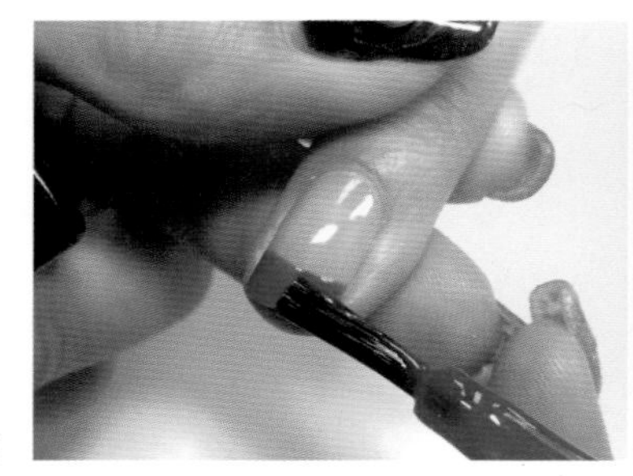

▸ **2차 폴리시 젤 바르기(2coat)**

프렌치 라인이 동일해지도록 바른 후 큐어링한다. 남아 있는 젤로 프리에지 끝부분까지 감싸주어야 젤이 쉽게 벗겨지지 않는다.

▸ **탑젤 바르기**

탑젤을 바른 후 큐어링한다.

▸ **젤 클렌저로 미경화 젤 닦기**

표면에 남아 있는 미경화 젤분산막을 닦는다.

▸ **완성하기**

큐티클 라인에 오일을 발라주고 핸드로션을 바른 후 마무리한다.

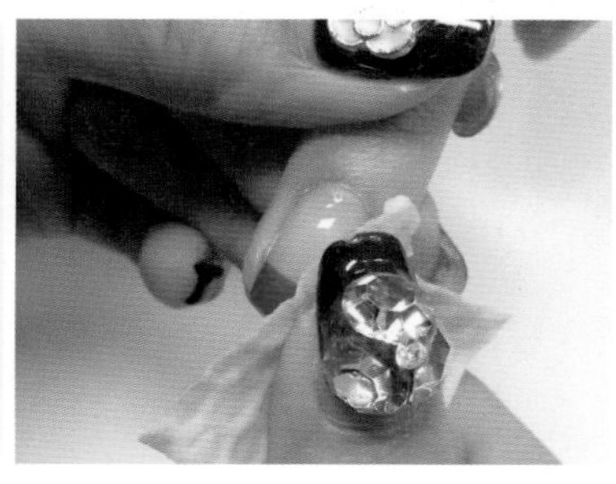

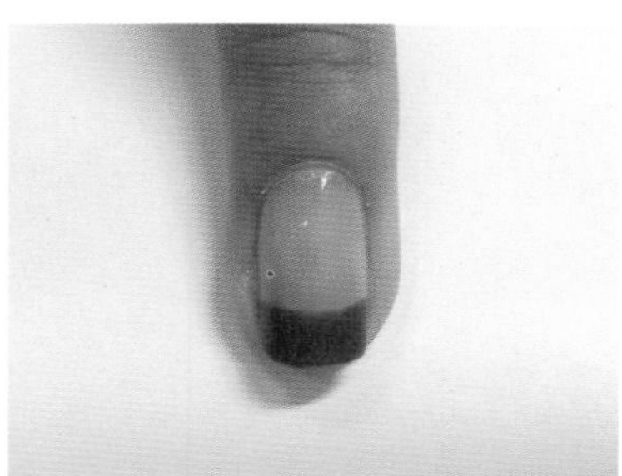

← 탑젤 바르기
— 미경화 젤 닦기
→ 완성하기

폴리시 젤 프렌치 살롱아트

1

2

3

4

5

6

7

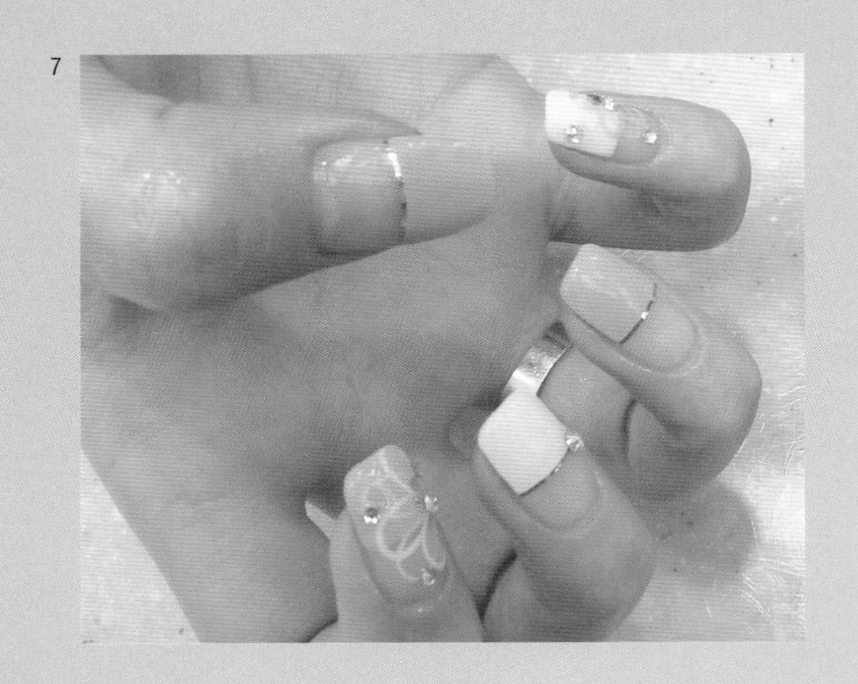

젤 그러데이션 아트

Gel Gradation Art

젤 그러데이션 아트의 개념

그러데이션이란 그래픽에서 사용되는 기법으로 네일 아트에서는 어두운 색상에서 밝은 색상으로 또는 한 색상에서 다른 색상으로 점진적이며 매끄럽게, 그리고 단계적으로 변해 가는 것을 표현한 아트를 말한다. 즉 젤 그러데이션은 색상의 점진적인 변화를 사용하여 디자인을 표현하는 방법이다.

폴리시 젤로 그러데이션을 할 경우 손톱 표면에 컬러를 바른 후 스펀지로 찍어주면 되므로 에나멜보다 쉽고 편리하게 그러데이션을 할 수 있는 장점이 있다. 단, 스펀지로 많이 터치할 경우 기포가 생길 수 있으므로 경계라인에 가볍게 터치한다.

젤 그러데이션은 장식이 많은 아트를 부담스러워 하는 고객에게 권할 수 있는 깔끔하고 단정한 아트 기법이다. 특히 화이트 젤 그러데이션은 계절에 상관없이 고객들이 좋아하고 인기가 많다.

관리재료

기본 재료, 파일, 젤 본더(프라이머), 베이스 젤, 탑젤, 폴리시 젤, 젤 클렌저, 젤 램프기, 스펀지, 호일 또는 팔레트, 글리터, 오일

젤 그러데이션 아트 재료

젤 그러데이션 아트의 관리과정

▸ 젤 본더 바르기

에칭된 네일 보디에 젤 본더를 얇게 바른다.

▸ 베이스 젤 바르기

베이스 젤을 얇게 바른 후 큐어링한다.

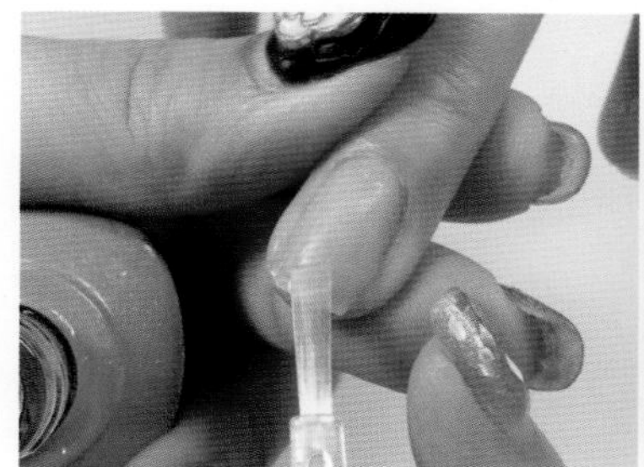

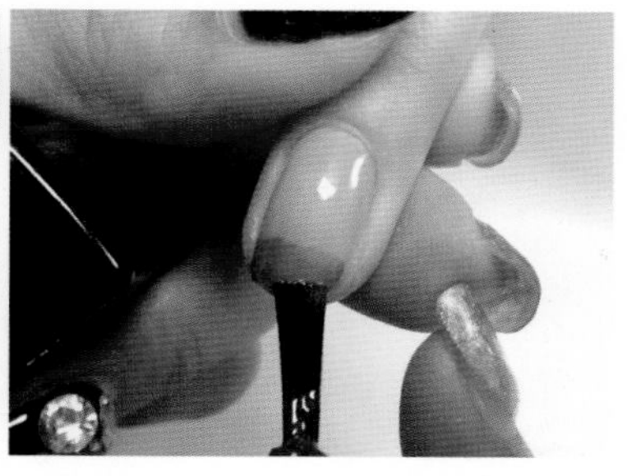

← 젤 본더 바르기
— 베이스 젤 바르기
→ 1차색 젤 바르기

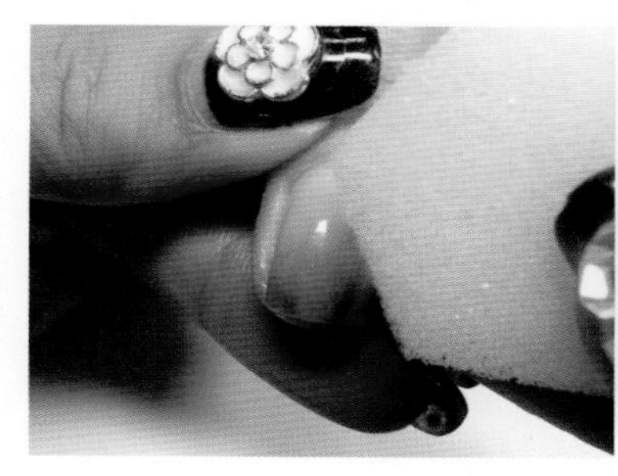
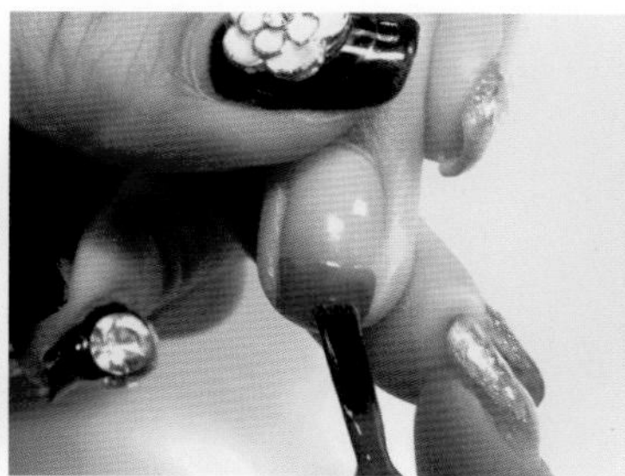

← 1차 스펀지로 경계 없애기
— 2차색 젤 바르기
→ 2차 스펀지로 경계 없애기

▶ 1차색 젤 바르기

손톱에 어울리는 그러데이션의 높이자연 손톱의 1/3 위치까지 1차색 젤을 바른다. 이때 프렌치 아트처럼 라인을 예쁘게 그려줄 필요는 없다. 양손 모두 바른 후 자연 손톱과 폴리시 젤의 경계부분을 스펀지로 찍어 경계를 없애준다. 만약 네일 사이드에 젤이 묻었다면 젤 클렌저 또는 리무버로 닦은 후 큐어링한다.

▶ 2차색 젤 바르기

같은 색상 또는 조금 더 진한 색상의 젤을 1차색을 바른 높이의 1/2 위치에 다시 바른 후 스펀지로 찍어 경계를 없애준 후 큐어링한다. 만약 네일 사이드에 젤이 묻었다면 젤 클렌저 또는 리무버로 닦은 후 큐어링한다.

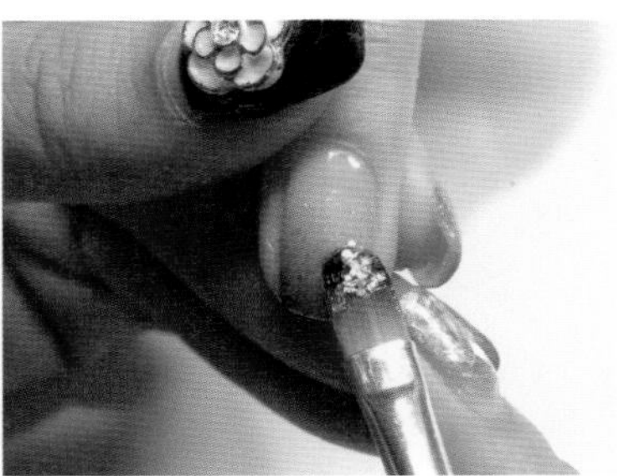

← 탑젤 떨어뜨리기
— 글리터 섞기
→ 글리터 바르기

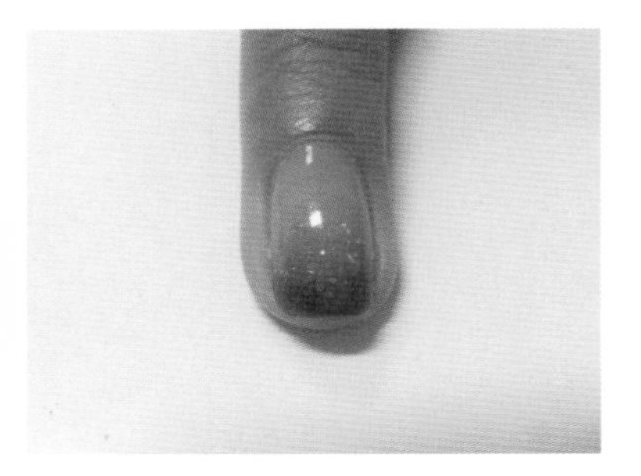

← 탑젤 바르기
— 미경화 젤 닦기
→ 완성하기

▶ **글리터 바르기**

호일 또는 팔레트에 소량의 탑젤을 떨어뜨린 후 올리고자 하는 글리터와 섞어 그러데이션의 경계부분에 바른 후 큐어링한다.

▶ **탑젤 바르기**

탑젤을 바른 후 큐어링한다.

▶ **젤 클렌저로 미경화 젤 닦기**

표면에 남아 있는 미경화 젤분산막을 닦는다.

▶ **완성하기**

큐티클 라인에 오일을 발라주고, 핸드로션을 바른 후 마무리한다.

젤 그러데이션 살롱아트

1

2

3

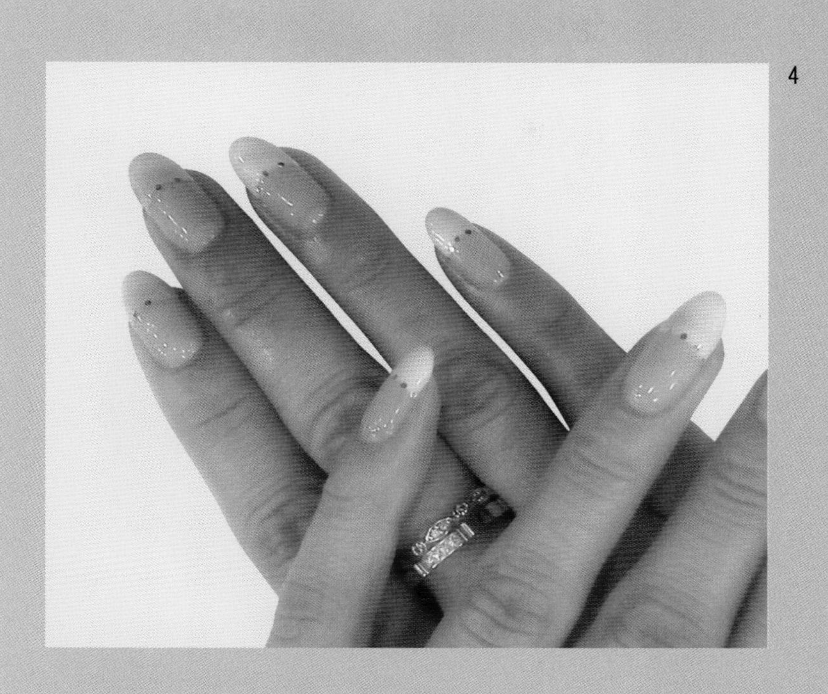
4

5

6

세로 그러데이션 아트

Vertical Gradation Art

세로 그러데이션의 개념

세로 그러데이션은 그러데이션의 형태가 세로로 나타나는 것으로 스펀지로 그러데이션하는 방법이 아니라 폴리시 젤의 브러시를 사용하여 세로 형태로 그러데이션한다. 2가지의 색이 겹치는 부분의 그러데이션이 자연스럽게 되도록 하는 것이 중요하다.

관리재료

기본 재료, 파일, 젤 본더(프라이머), 베이스 젤, 탑젤, 폴리시 젤, 젤 클렌저, 젤 램프기, 오일

세로 그러데이션 아트 재료

세로 그러데이션의 관리과정

▶ **젤 본더 바르기**

에칭된 네일 보디에 젤 본더를 얇게 바른다.

▶ **베이스 젤 바르기**

베이스 젤을 얇게 바른 후 큐어링한다.

▶ **1차색 바르기(1coat)**

젤을 왼쪽 사이드에서부터 큐티클 라인에 맞추어 손톱의 가로 길이 2/3 지점까지 바른다.

▶ **2차색 바르기(1coat)**

2차색 젤을 1차색 젤과 반대로 오른쪽 사이드에서부터 큐티클 라인에 맞추어 바르며 1차색과 교차되는 지점에서 2가지 색이 자연스럽게 그러데이션이 될 수 있도록 브러시로 가볍게 터치한 후 큐어링한다.

▶ **2차색 다시 바르기(2coat)**

선명하게 발색하기 위하여 2차색의 젤을 다시 오른쪽부터 손톱의 가로 길이 2/3지점까지 바른다.

▸ **1차색 다시 바르기(2coat)**

선명한 발색을 위하여 1차색을 다시 왼쪽에서부터 손톱의 가로길이 2/3 지점까지 바른 후 2가지 색이 자연스럽게 그러데이션될 수 있도록 브러시로 가볍게 터치한 후 큐어링한다.

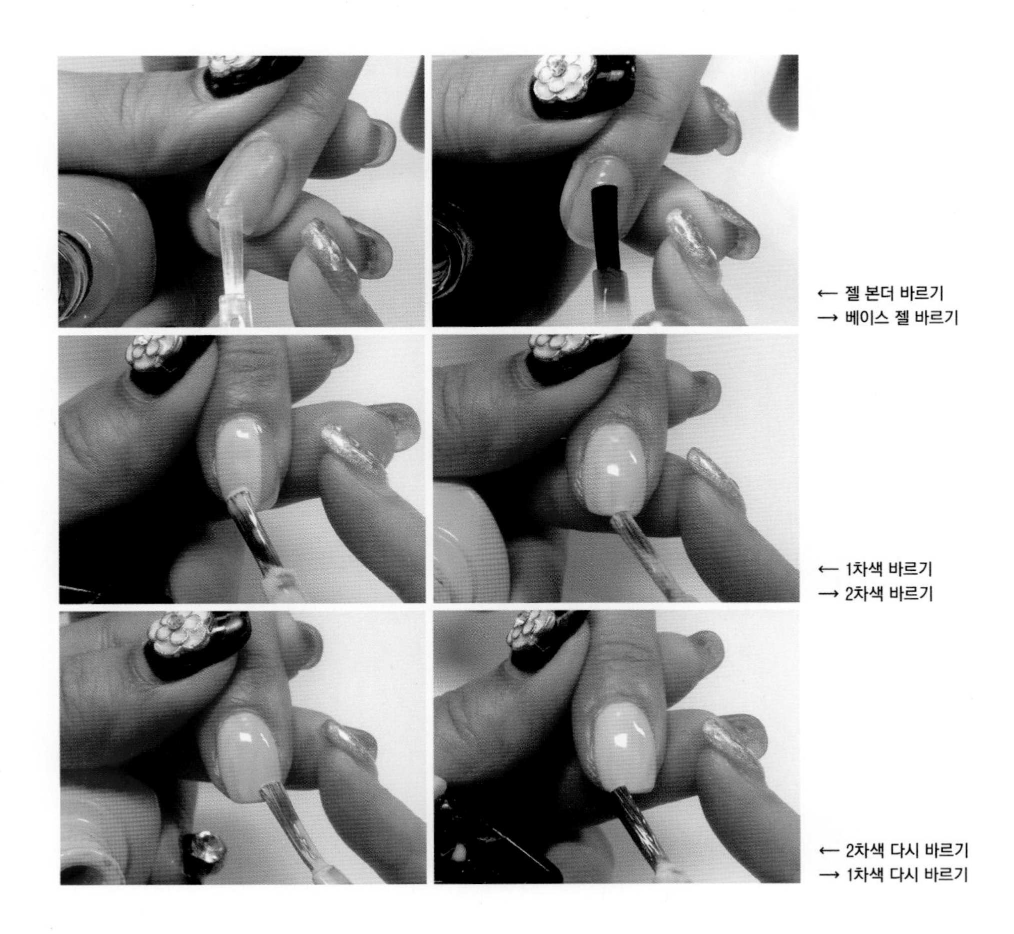

← 젤 본더 바르기
→ 베이스 젤 바르기

← 1차색 바르기
→ 2차색 바르기

← 2차색 다시 바르기
→ 1차색 다시 바르기

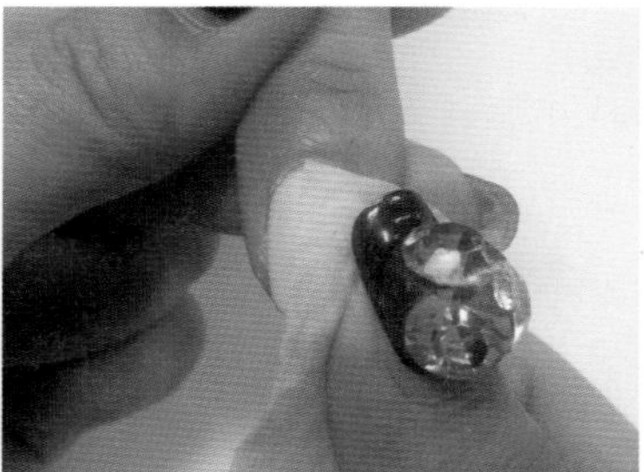
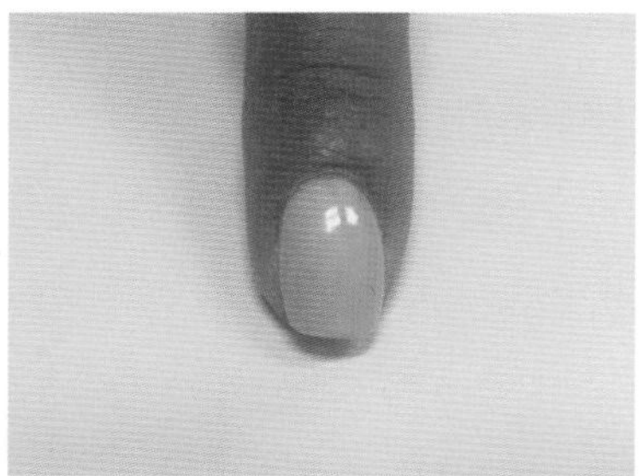

← 탑젤 바르기
— 미경화 젤 닦기
→ 완성하기

▶ **탑젤 바르기**

세로 그러데이션은 경계부분에 글리터를 올리지 않는 것이 깔끔하다. 탑젤을 바른 후 큐어링한다.

▶ **젤 클렌저로 미경화 젤 닦기**

표면에 남아 있는 미경화 젤분산막을 닦는다.

▶ **완성하기**

큐티클 라인에 오일을 발라주고, 핸드로션을 바른 후 마무리한다.

세로 그러데이션 살롱아트

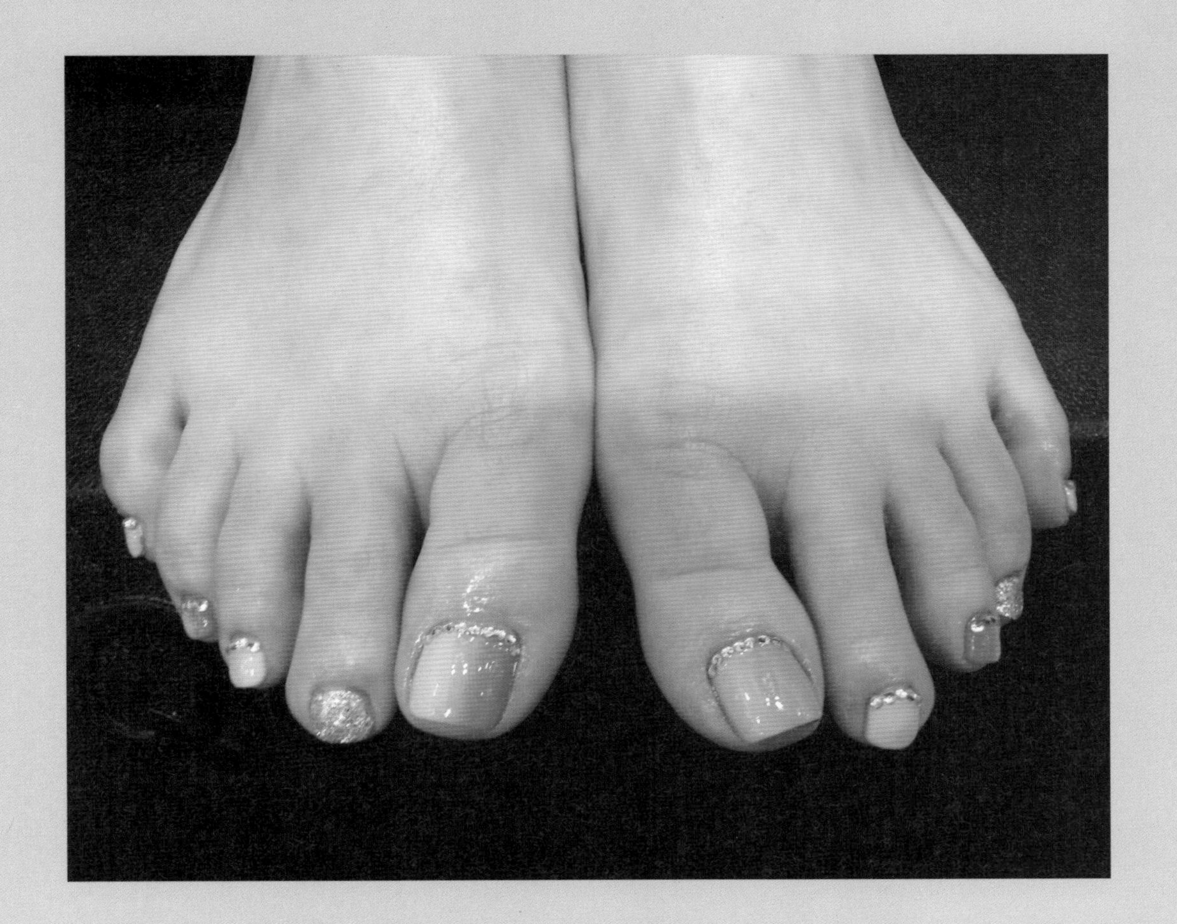

젤 글리터 아트

Gel Glitter Art

젤 글리터 아트의 개념

장식용 반짝이로 빛을 받을 때마다 반짝이는 펄가루나 얇은 입자인 다양한 색상의 글리터들을 혼합하거나 단독으로 표현하는 젤 아트로 글리터 풀코트 또는 홀로그램 아트를 할 수 있다.

글리터는 반짝이는 펄가루와 다양한 모양의 재질을 조각내어 놓은 것이다. 쉽고 간단하게 표현할 수 있는 기법으로 화려하게 연출할 수 있고, 불규칙한 모양을 연출하기에도 좋으며 디자인의 완성도를 높이는 데도 사용가능하다.

글리터의 종류는 매우 다양하며 흰색 빛의 가루 입자로 다른 컬러와 만났을 때 다양한 빛을 내는 글리터, 은은한 파스텔 빛을 지닌 글리터, 홀로그램 가루 글리터, 오로라 홀로그램 글리터, 그리고 매우 가늘고 고운 입자의 글리터 등이 있다. 이와 같은 글리터를 폴리시 젤, 탑젤, 그리고 클리어 젤 등과 믹스하면 젤 글리터 아트에 응용할 수 있다.

관리재료

기본 재료, 파일, 젤 본더(프라이머), 베이스 젤, 탑젤, 클리어 젤, 글리터(홀로그램), 젤 클렌저, 젤 램프기, 젤 브러시, 호일 또는 팔레트, 오일

젤 글리터 아트 재료

젤 글리터 아트의 관리과정

▶ **젤 본더 바르기**

에칭된 네일 보디에 젤 본더를 얇게 바른다.

▶ **베이스 젤 바르기**

베이스 젤을 얇게 바른 후 큐어링한다.

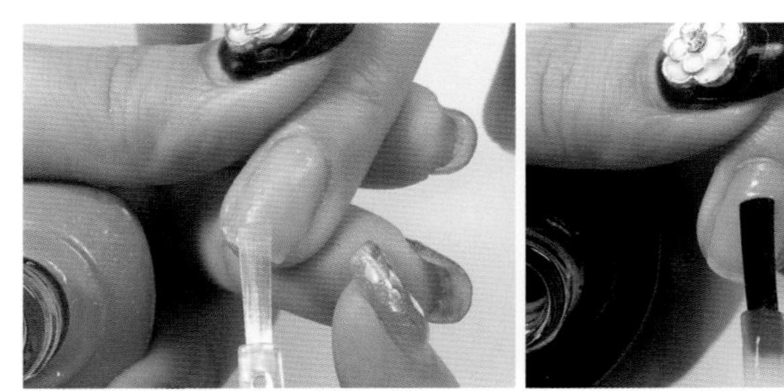

← 젤 본더 바르기
→ 베이스 젤 바르기

▶ **1차 글리터 바르기**

호일 또는 팔레트에 탑젤을 한 방울을 떨어뜨린 후 올리고자 하는 글리터와 섞은 후 바른다.

▶ **2차 글리터 바르기**

1차1coat와 같은 글리터를 바르거나 입자가 더 굵은 글리터를 섞어 바른다. 표면이 고르게 보일 수 있도록 양을 조절해서 바른 후 큐어링 한다.

← 탑젤 떨어뜨리기
— 글리터 섞기
→ 1차 글리터 바르기

← 2차 글리터 바르기
— 클리어 젤과 홀로그램
→ 클리어 젤 바르기

▶ 홀로그램 올리기

입자가 큰 글리터나 홀로그램을 올릴 경우 탑젤을 바르게 되면 흘러내리는 경우가 있으므로 클리어 젤을 바른 후 얇은 세필브러시를 사용해 홀로그램을 하나씩 올린 후 큐어링한다. 큐어링하지 않은 상태에서 클리어 젤을 홀로그램 위에 바르면 홀로그램이 움직이므로 반드시 큐어링한 후 클리어 젤을 바른다.

▶ 클리어 젤 바르기

홀로그램을 올린 다음 표면이 고르지 않을 경우 클리어 젤로 표면을 고르게 만든 후 큐어링한다. 입자가 큰 글리터나 홀로그램을 올릴 경우 탑젤로만 마무리를 하면 글리터나 홀로그램이 떨어지기 쉽다.

← 세필브러시 사용하기
— 홀로그램 올리기
→ 클리어 젤 바르기

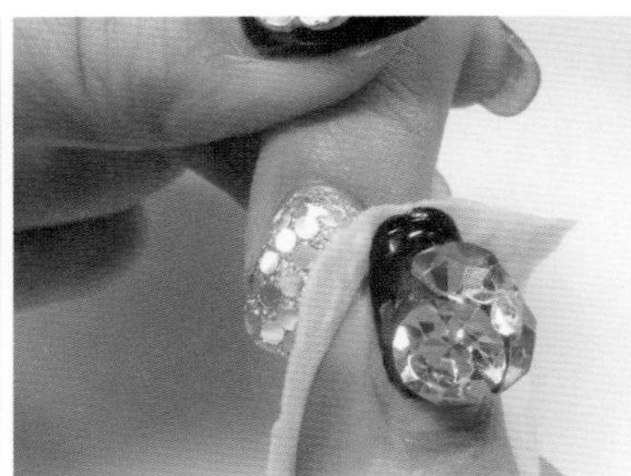

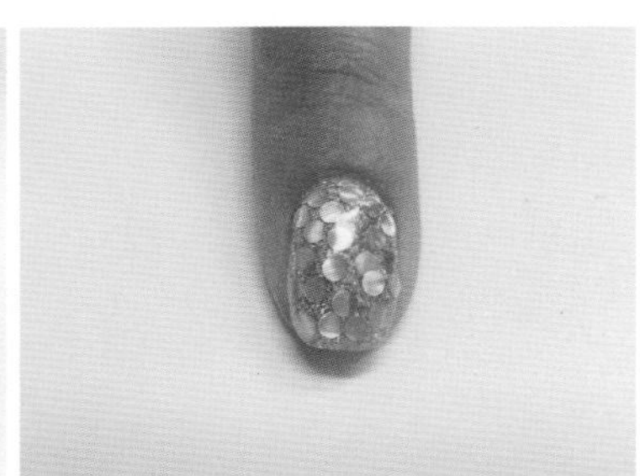

← 탑젤 바르기
— 미경화 젤 닦기
→ 완성하기

▶ **탑젤 바르기**

탑젤을 바른 후 큐어링한다.

▶ **젤 클렌저로 미경화 젤 닦기**

표면에 남아 있는 미경화 젤(분산막)을 닦는다.

▶ **완성하기**

큐티클 라인에 오일을 발라주고 핸드로션을 바른 후 마무리한다.

젤 글리터 살롱아트

1

2

3

4

5

6

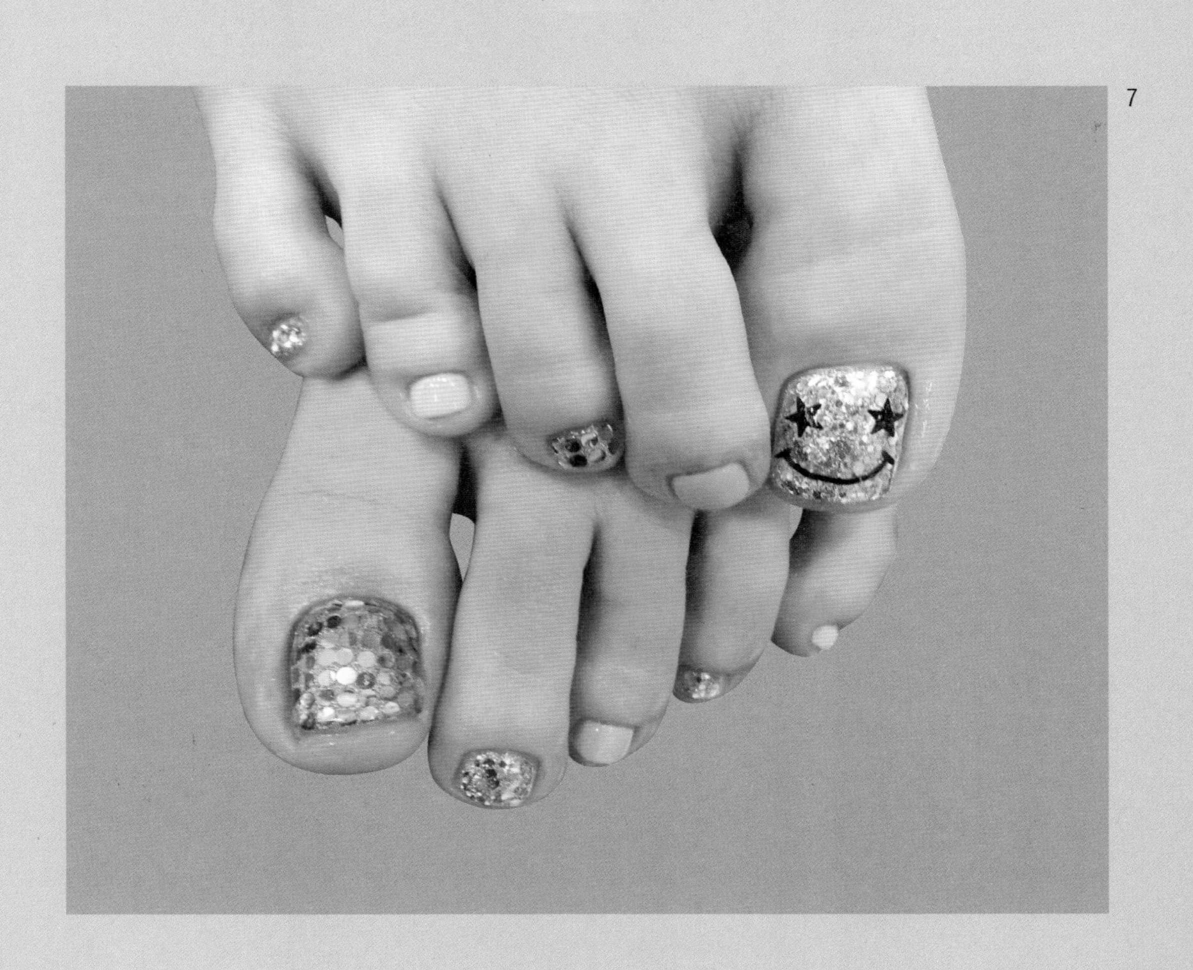
7

8

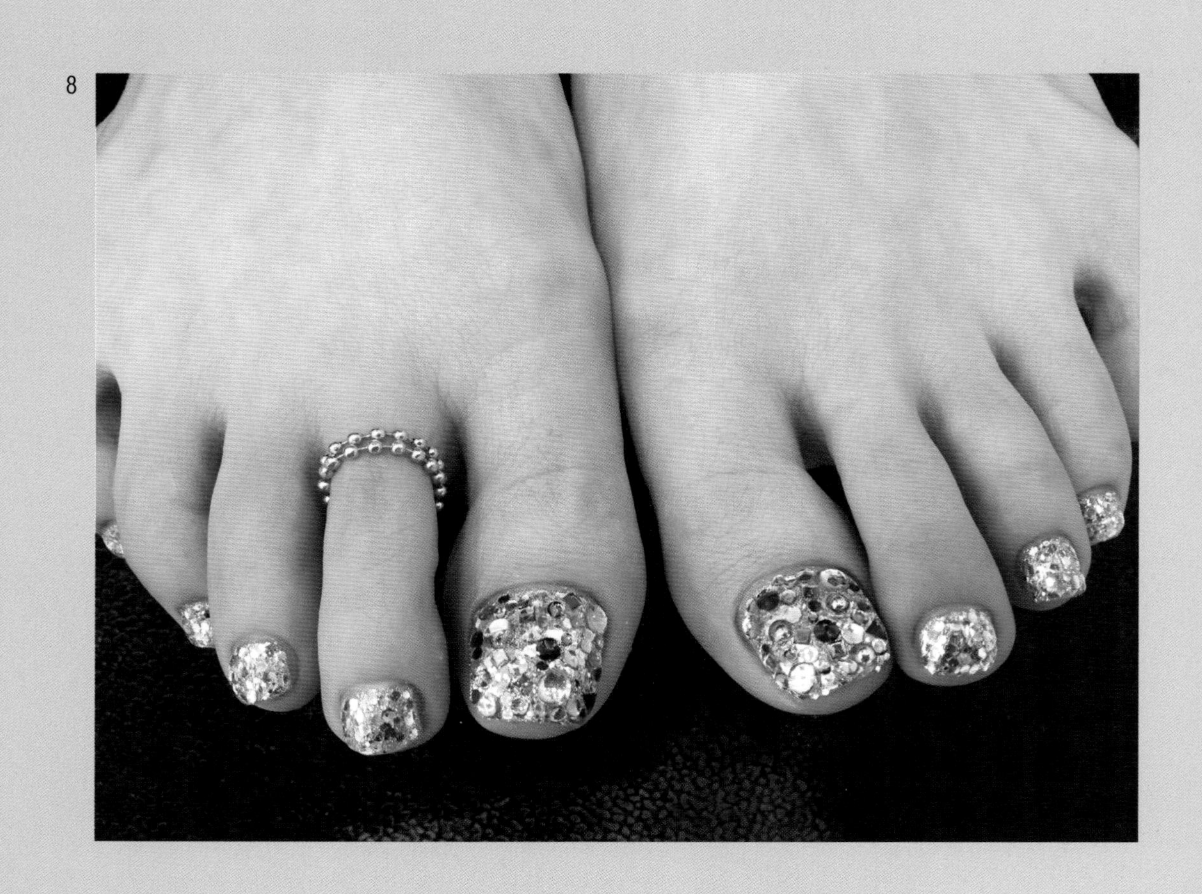

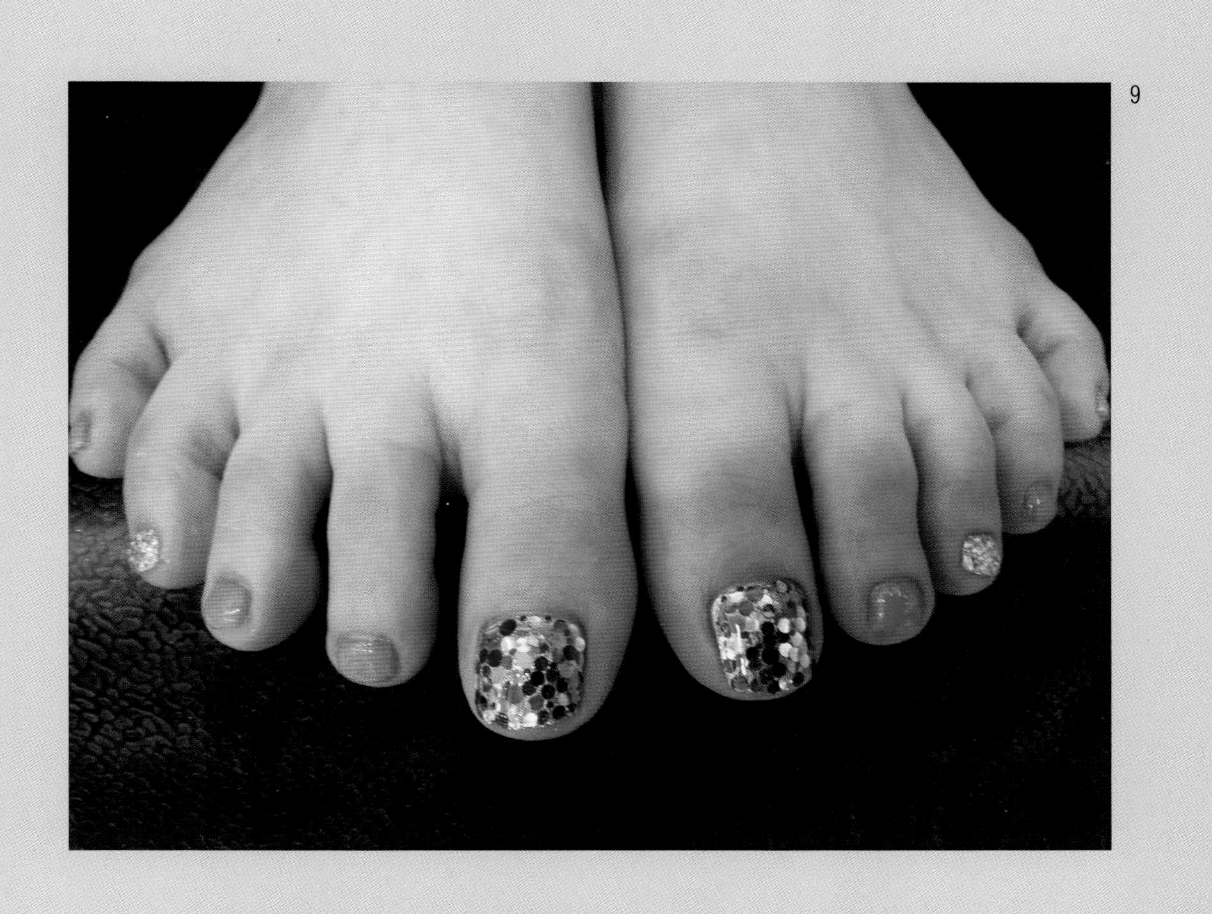

9

젤 글리터 그러데이션

Gel Glitter Gradation

젤 글리터 그러데이션의 개념

젤 그러데이션과 젤 글리터를 믹스 매치하여 디자인하는 것으로 화려하면서도 자연스러운 그러데이션을 할 수 있다.

관리재료

기본 재료, 파일, 젤 본더(프라이머), 베이스 젤, 탑젤, 클리어 젤, 글리터 또는 홀로그램, 젤 클렌저, 젤 램프기, 젤 브러시, 호일 또는 팔레트, 오일

젤 글리터 그러데이션 아트 재료

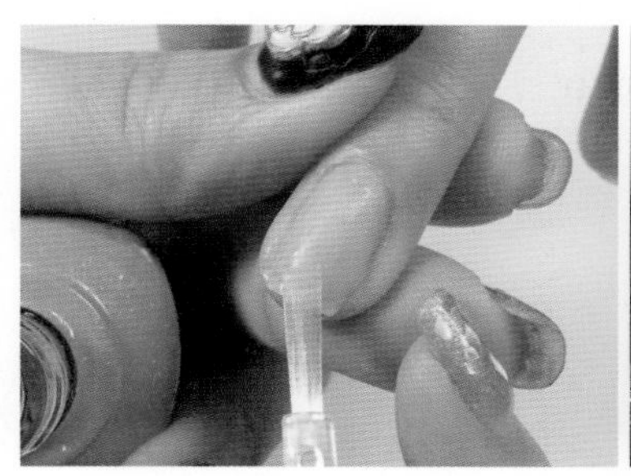

← 젤 본더 바르기
→ 베이스 젤 바르기

젤 글리터 그러데이션의 관리과정

▶ **젤 본더 바르기**

에칭된 네일 보디에 젤 본더를 얇게 바른다.

▶ **베이스 젤 바르기**

베이스 젤을 얇게 바른 후 큐어링한다.

▶ **1차 글리터 바르기(1coat)**

호일 또는 팔레트에 탑젤을 한 방울 떨어뜨린 후 올리고자 하는 글리터와 섞어준 후 프리에지 부분에 바르고 브러시를 90°로 세워서 글리터를 큐티클 방향으로 자연스럽게 흩뜨려준 다음 큐어링한다.

← 탑젤 떨어뜨리기
— 글리터 섞기
→ 1차 글리터 바르기(1coat)

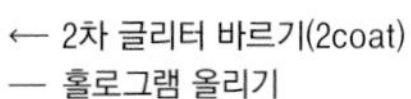
← 2차 글리터 바르기(2coat)
— 홀로그램 올리기
→ 클리어 젤 바르기

▸ 2차 글리터 바르기(2coat)

1차1coat 바른 후 한 번 더 발라 자연스럽게 그러데이션이 표현되도록 한다. 표면이 고르게 보일 수 있도록 글리터의 양을 조절해서 바른 후 큐어링한다.

▸ 입자가 큰 글리터 또는 홀로그램 올리기

더 화려하기를 원한다면 얇은 글리터 위에 같은 색상의 입자가 큰 글리터나 홀로그램을 올린 다음 큐어링한다.

▸ 클리어 젤 바르기

글리터를 올린 후 표면이 고르지 않을 경우 클리어 젤로 표면을 고르게 만든 후 큐어링한다. 입자가 큰 글리터나 홀로그램을 올릴 경우 탑젤로만 마무리를 하면 글리터나 홀로그램이 떨어지기 쉽다.

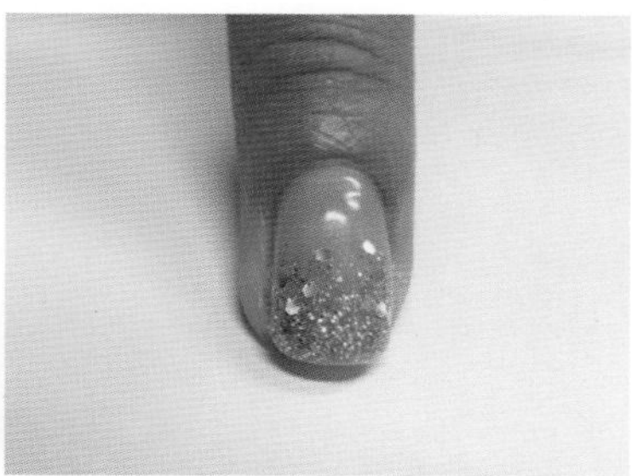

← 탑젤 바르기
— 미경화 젤 닦기
→ 완성하기

▶ **탑젤 바르기**

탑젤을 바른 후 큐어링한다.

▶ **젤 클렌저로 미경화 젤 닦아내기**

표면에 남아 있는 미경화 젤분산막을 닦는다.

▶ **완성하기**

큐티클 라인에 오일을 발라주고, 핸드로션을 바른 후 마무리한다.

젤 글리터 그러데이션 살롱아트

1

2

3

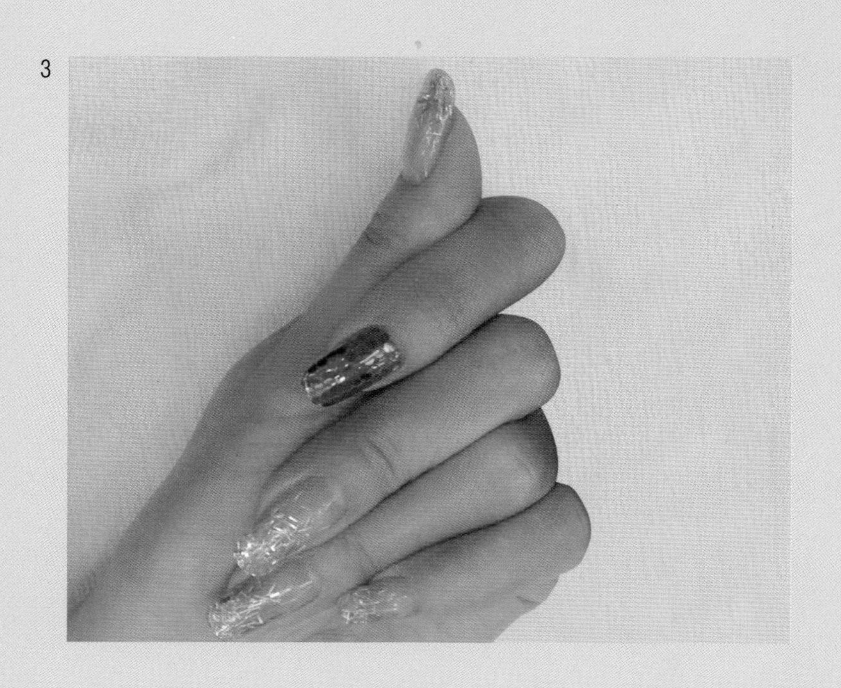

4

5

6

7

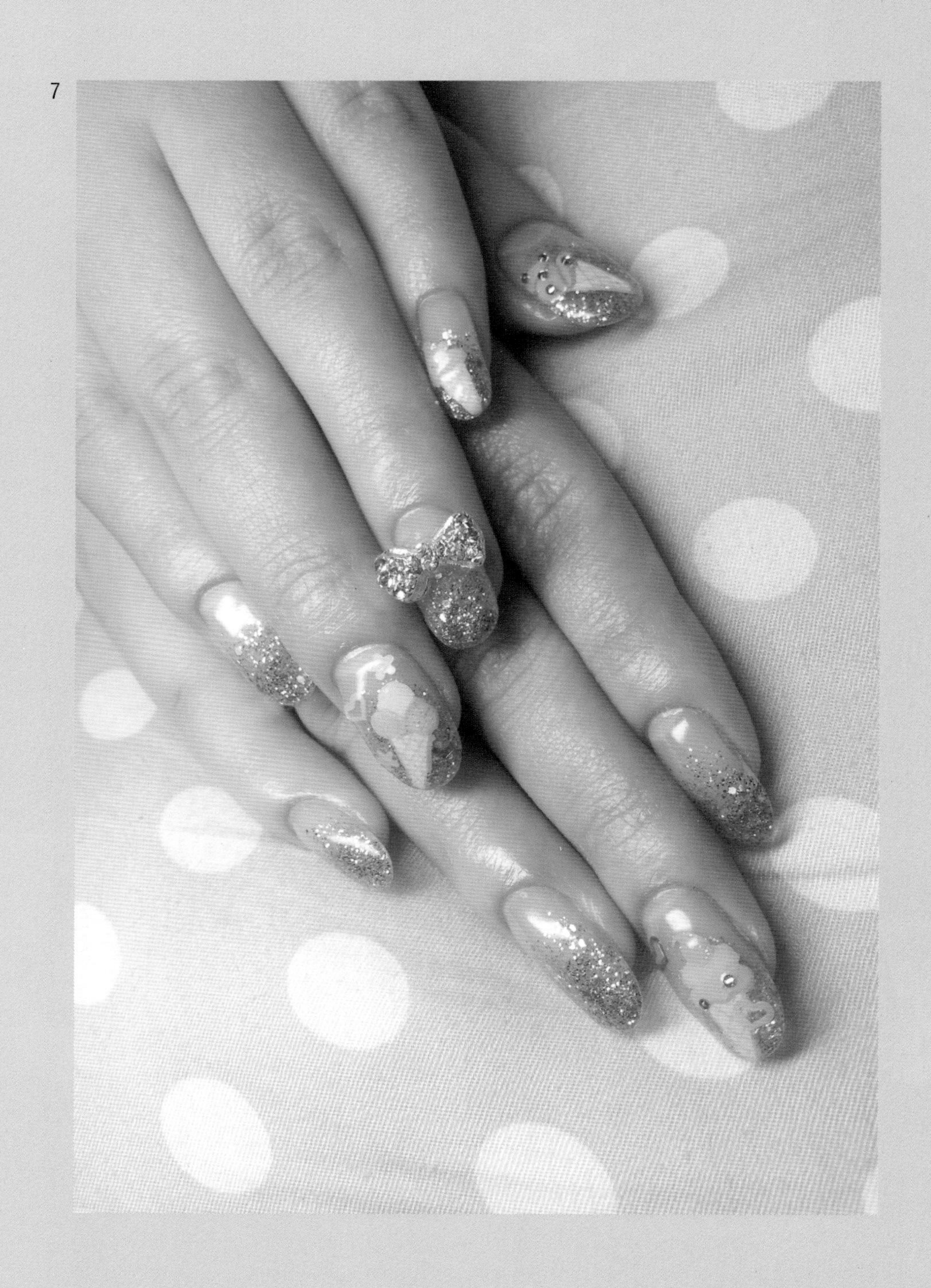

8

젤 마블 아트

Gel Marble Art

젤 마블 아트의 개념

대리석 마블링

드래그 마블링

마블은 프랑스어로는 마르브뤼르marbrure라고 하는데, 대리석 등의 맥리脈理를 닮은 줄무늬로 농담 혹은 색조의 그러데이션gradation을 특색으로 한다. 젤 네일은 램프에 큐어링하기 전까지는 굳지 않는 유연한 성질이 있어 다양한 마블을 표현할 수 있는 장점이 있다. 젤의 성질만 이용하는 유성 마블이 있고 젤 클렌저를 이용하여 젤을 녹이듯이 퍼지게 하거나 닦아내는 듯한 기법으로 마블링을 표현할 수도 있다.

젤 마블링의 종류에는 대리석 마블링, 드래그 마블링, 그리고 클리어 마블링 등이 있다. 대리석은 일반적으로 석회암이 높은 온도와 강한 압력을 받아 변질된 돌을 말하는데, 흔히 흰색을 띠지만 검은색, 붉은색 및 누런색도 있으며 그 외 여러 가지 색이나 무늬가 있다. 마블링은 2가지 이상의 물감을 섞어 대리석의 느낌을 주는 기법으로, 물감을 혼합하는 방식에 따라 여러 가지 디자인이 완성된다. 브러시를 사용하여 경화되기 전에 각각의 색을 섞어 마블 문양을 재현하여 고급스럽고 자연스럽게 표현할 수 있으며 젤의 경우 정확한 선으로 표현되기보다는 추상적인 무늬로 표현이 되므로 원하는 디자인이 나왔을 때 젤 램프기에 건조시켜 완성할 수 있다. 그러므로 일반 폴리시 에나멜 마블인 경우에는 건조 시에 주의가 필요하나 젤의 경우는 라이트를 통해서 완전히 건조되므로 좀 더 완성도가 높은 마블 디자인에 적합하다. 드래그 마블링은 각각의 젤이 점성으로 인해 서로 잘 섞이지 않으므로 이러한 젤의 성질을 이용하여 일정한 형태의 모양을 브러시로 끌어당기거나 훑어 디자인하는 기법을 말하며 가장 보편적인 마블링 기법으로 다양하게 응용된다.

클리어 마블링은 클리어 젤과 컬러 젤을 함께 사용하는 기법으로 색이 자연스럽게 퍼지는 느낌을 클리어 젤의 점성으로 형태를 잡아 마블링을 표현할 수 있는 방법이다.

관리재료

기본 재료, 파일, 젤 본더(프라이머), 베이스 젤, 탑젤, 폴리시 젤, 젤 클렌저, 젤 램프기, 세필붓, 실버 글리터, 호일 또는 팔레트, 오일

젤 마블 아트 재료

젤 마블 아트의 관리과정

▶ **젤 본더 바르기**

에칭된 네일 보디에 젤 본더를 얇게 바른다.

▶ 베이스 젤 2번 바르기

베이스 젤을 얇게 바른 후 큐어링한다. 베이스 젤을 2번2coat 바른 후 큐어링은 하지 않는다.

▶ 컬러 젤 떨어뜨리기

베이스 젤을 2번2coat 바른 후 마블아트에 필요한 컬러 젤을 네일 보디에 직접 떨어뜨린다. 이때 베이스컬러를 바르면 색이 더 선명하다.

▶ 마블링하기

세필붓을 사용하여 원하는 디자인으로 마블링한 후 큐어링한다. 대각선 아래로 3~4개의 선을 그은 후 사이사이를 대각선 위로 3~4개의 선을 긋는다.

← 젤 본더 바르기
→ 베이스 젤 바르기

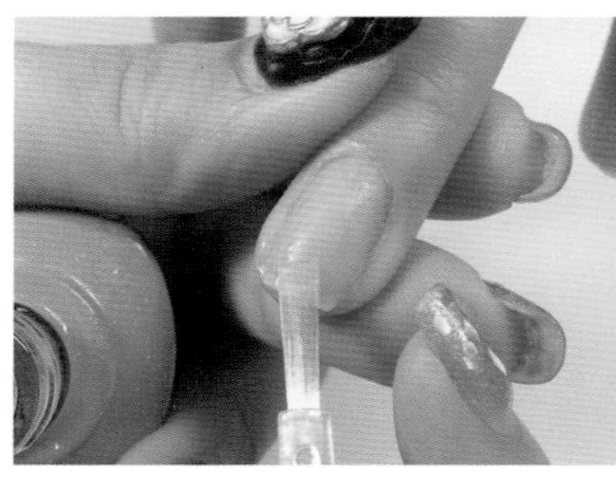

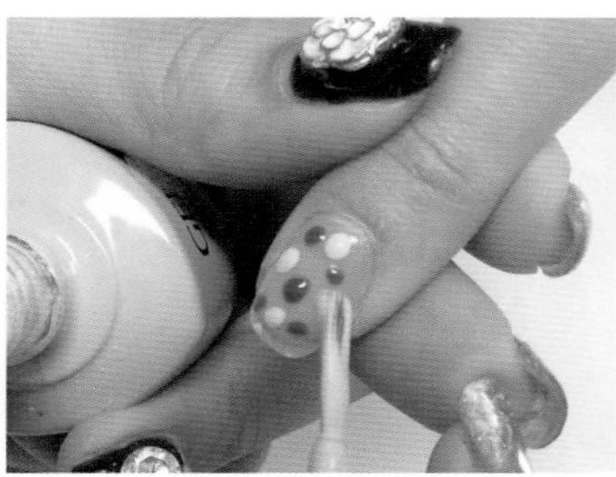

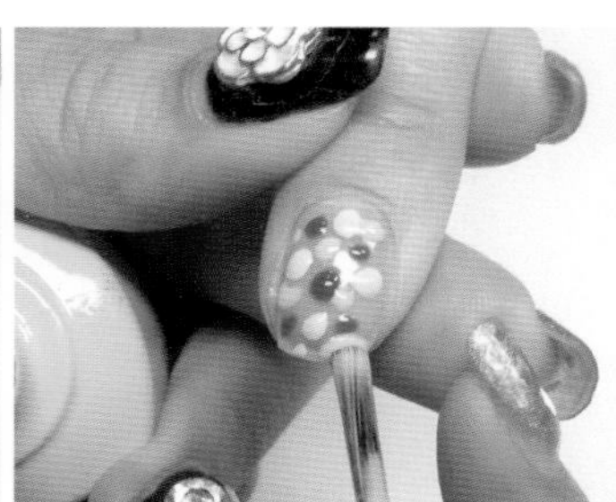

← 1차 컬러 젤 떨어뜨리기
— 2차 컬러 젤 떨어뜨리기
→ 3차 컬러 젤 떨어뜨리기

▸ **테두리 그리기**

마블링 후 탑젤을 바르고 큐어링하거나 액자 느낌의 디자인을 표현하기 위해 실버 글리터를 호일이나 팔레트 위에 덜어서 세필붓을 이용하여 테두리를 그려준 후 큐어링한다.

▸ **탑젤 바르기**

탑젤을 바른 후 큐어링한다.

▸ **젤 클렌저로 미경화 젤 닦기**

표면에 남아 있는 미경화 젤분산막을 닦는다.

▸ **완성하기**

큐티클 라인에 오일을 발라주고, 핸드로션을 바른 후 마무리한다.

← 대각선 아래로 선 긋기
— 대각선 위로 선 긋기
→ 테두리 그리기

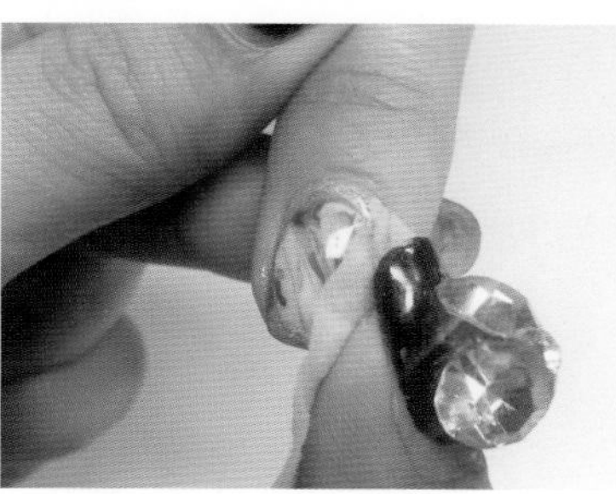
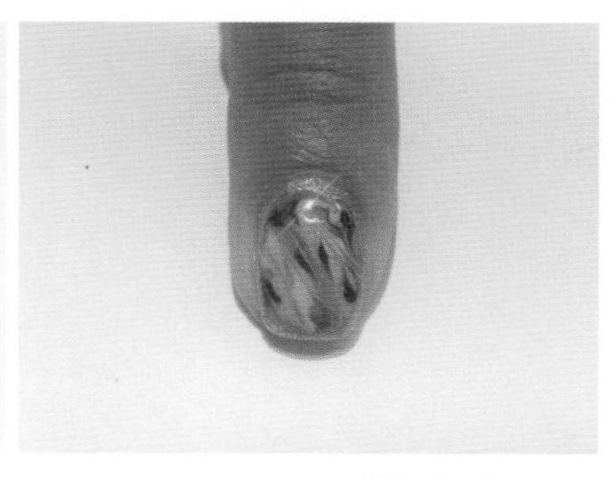

← 탑젤 바르기
— 미경화 젤 닦기
→ 완성하기

오일을 활용한 대리석 아트

대리석의 무늬를 마블기법으로 손톱 위에 바로 표현하는 방법도 있지만 오일을 활용하여 대리석의 무늬를 선명하고 입체감 있게 표현하는 방법도 있다.

관리재료

기본 재료, 파일, 젤 본더(프라이머), 베이스 젤, 탑젤, 클리어 젤, 폴리시 젤(화이트 젤), 젤 클렌저, 젤 램프기, 폼지, 오일, 스펀지, 핀셋, 실크 가위

오일을 활용한 대리석 아트 재료

▶ **오일 떨어뜨리기**

폼지에 오일을 한 방울을 떨어뜨린 후 스펀지로 문지른다.

▶ **대리석 문양 만들기**

화이트 젤을 폼지에 바른 후 큐어링한다. 사용한 젤 폴리시의 브러시는 반드시 클렌저로 깨끗이 닦도록 한다. 오일성분이 남아 있는 상태로 브러시를 사용하면 젤이 리프팅되는 원인이 된다.

▶ **손톱에 올리기**

큐어링한 후 굳어진 화이트 젤의 마블링 모양을 원하는 디자인대로 핀셋으로 떼어낸다. 이때 컬러링된 네일에 클리어 젤을 바르고 마블링 모양을 원하는 손톱에 올린 후 큐어링한다. 손톱에 올린 후 남은 부분은 실크 가위로 자른다.

▶ **클리어 젤 바르기**

마블링 문양에 다시 클리어 젤을 바른 후 큐어링한다.

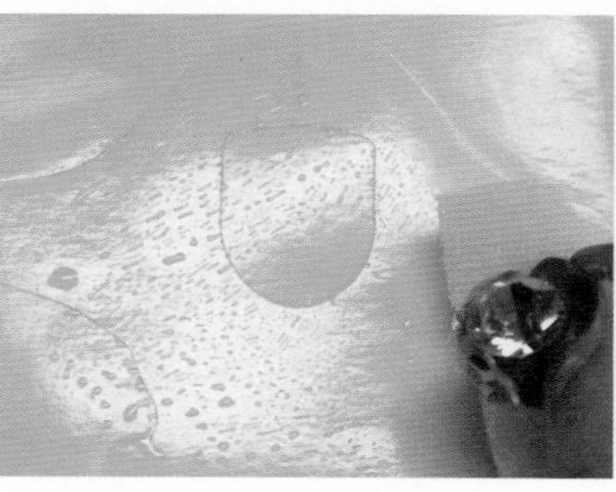

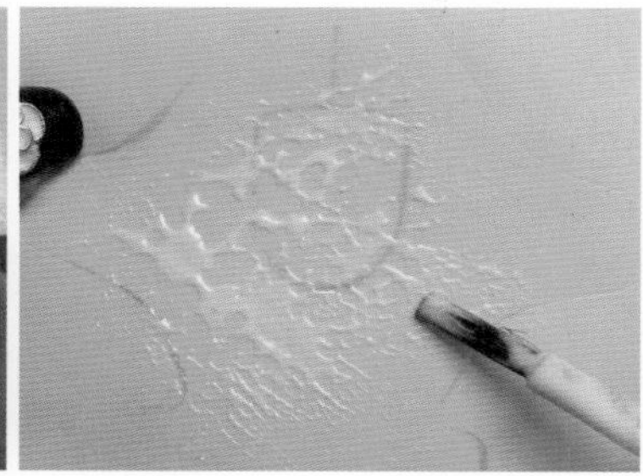

← 오일 떨어뜨리기
— 스펀지로 문지르기
→ 대리석 문양 만들기

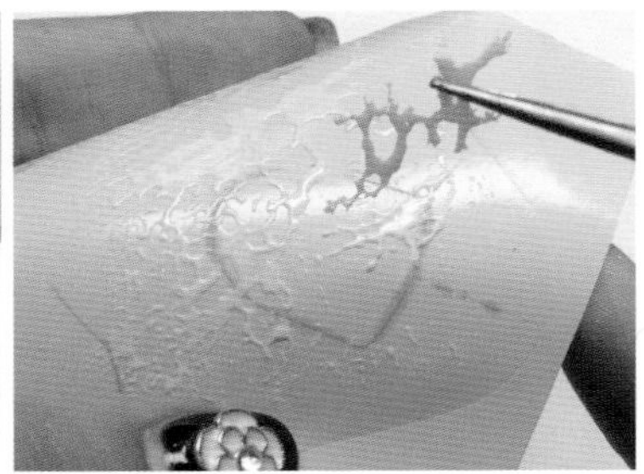

← 브러시 닦기
— 1차 클리어 젤 바르기
→ 마블링 문양 떼어내기

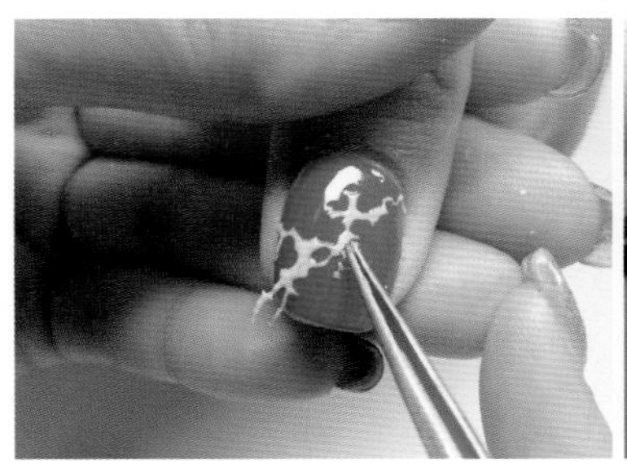
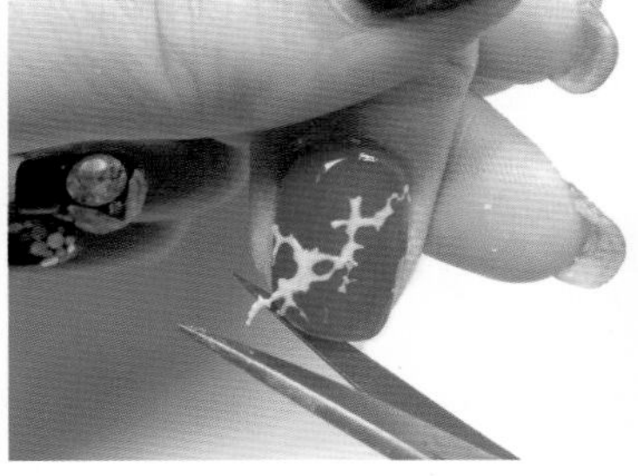

← 마블링 문양 붙이기
— 남은 부분 자르기
→ 2차 클리어 젤 바르기

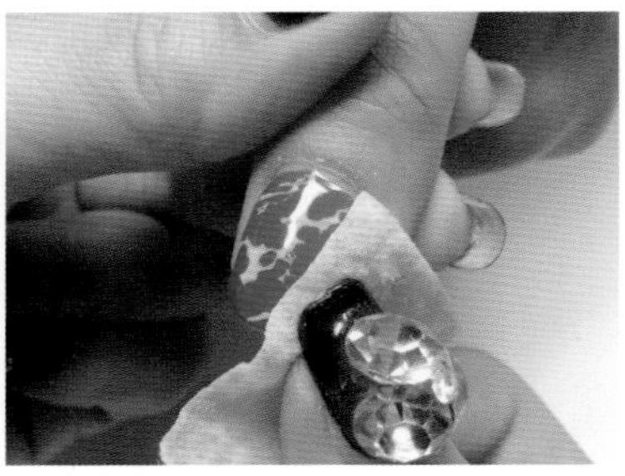
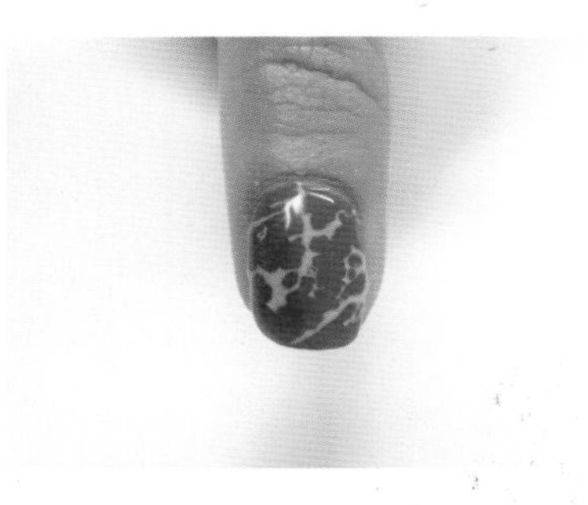

← 탑젤 바르기
— 미경화 젤 닦기
→ 완성하기

▶ **탑젤 바르기**

탑젤을 바른 후 큐어링한다.

▶ **젤 클렌저로 미경화 젤 닦기**

표면에 남아 있는 미경화 젤(분산막)을 닦는다.

▶ **완성하기**

큐티클 라인에 오일을 발라주고, 핸드로션을 바른 후 마무리한다.

젤 마블 살롱아트

1

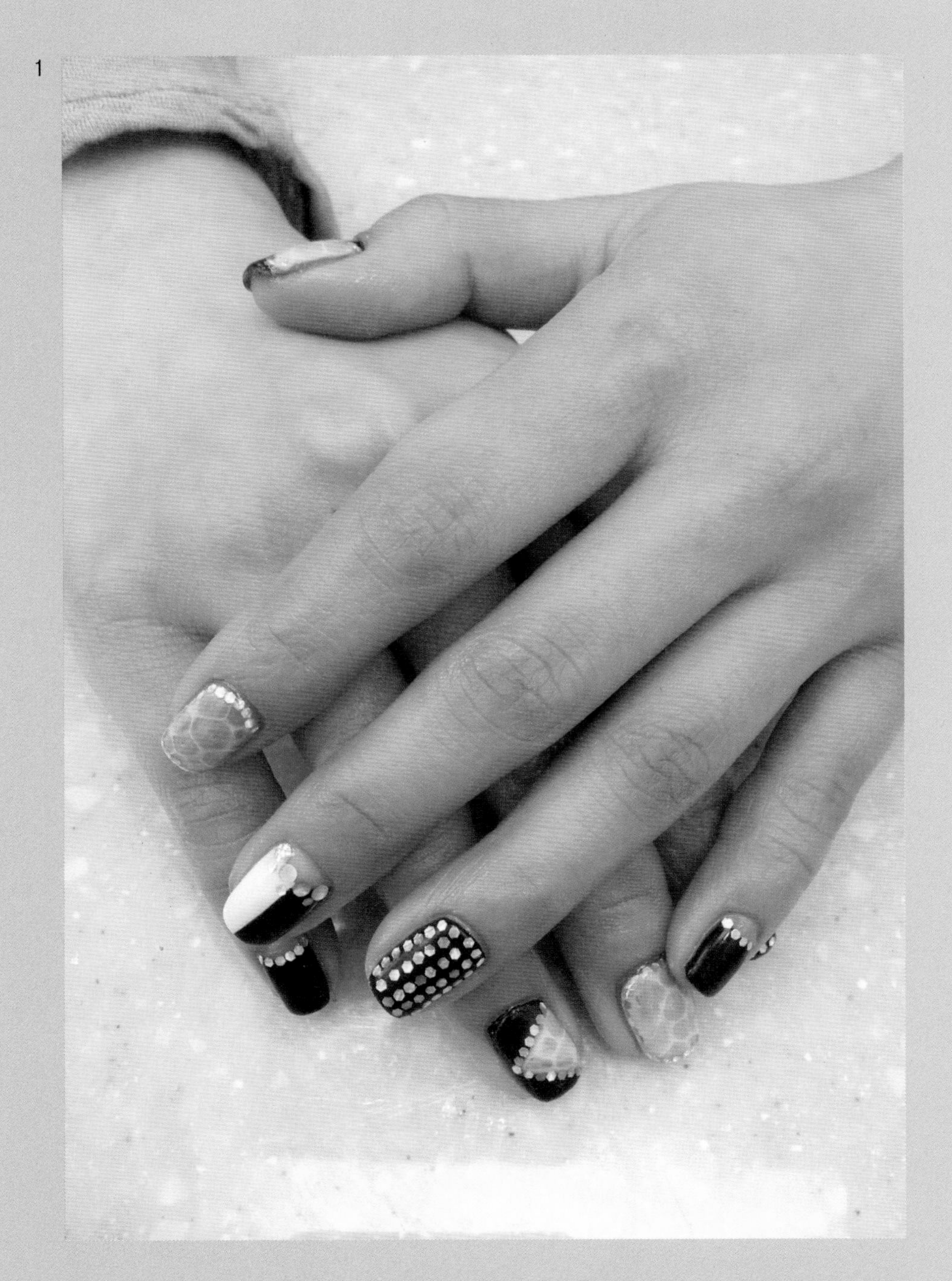

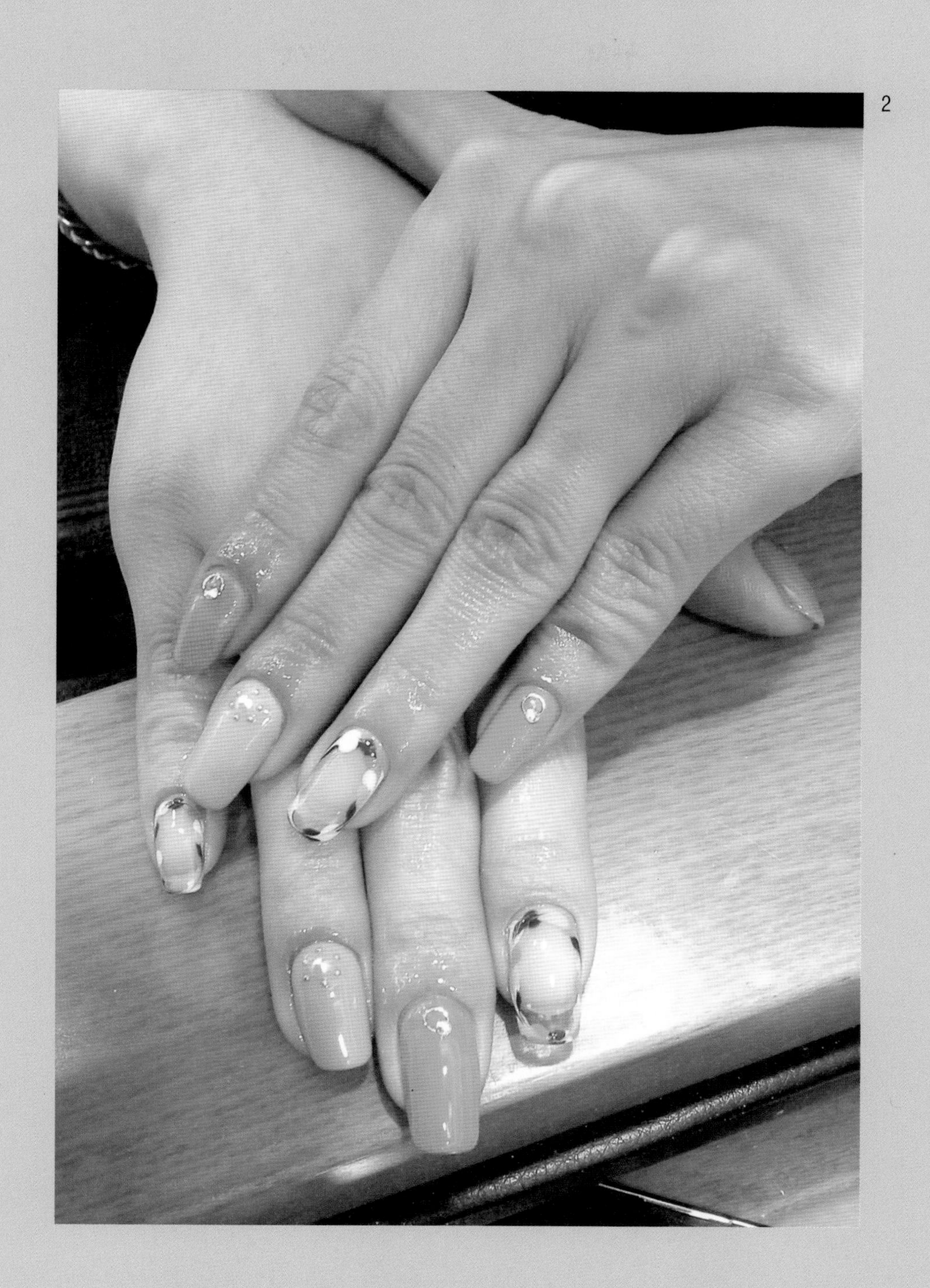

2

3

4

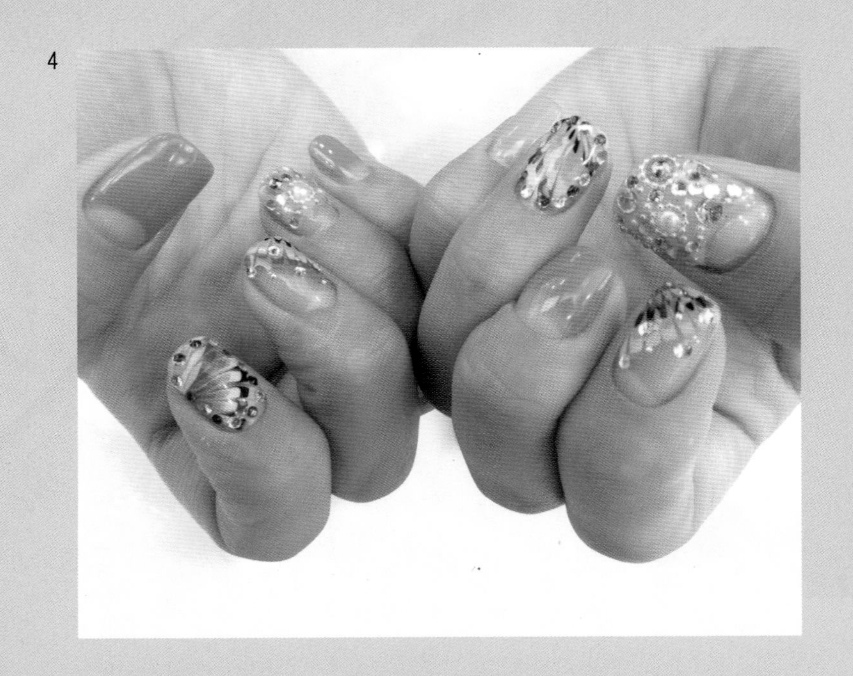

5

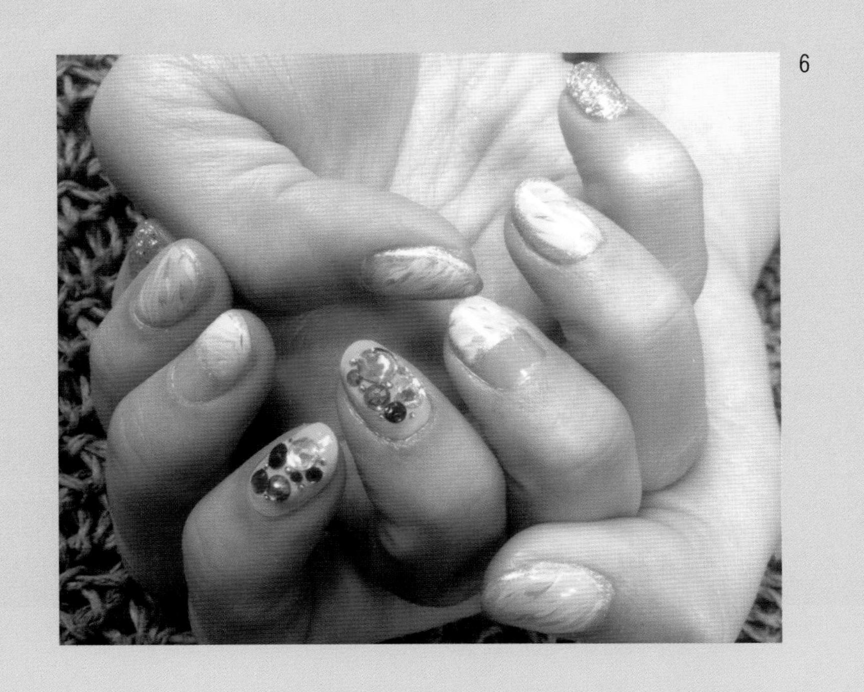
6

7

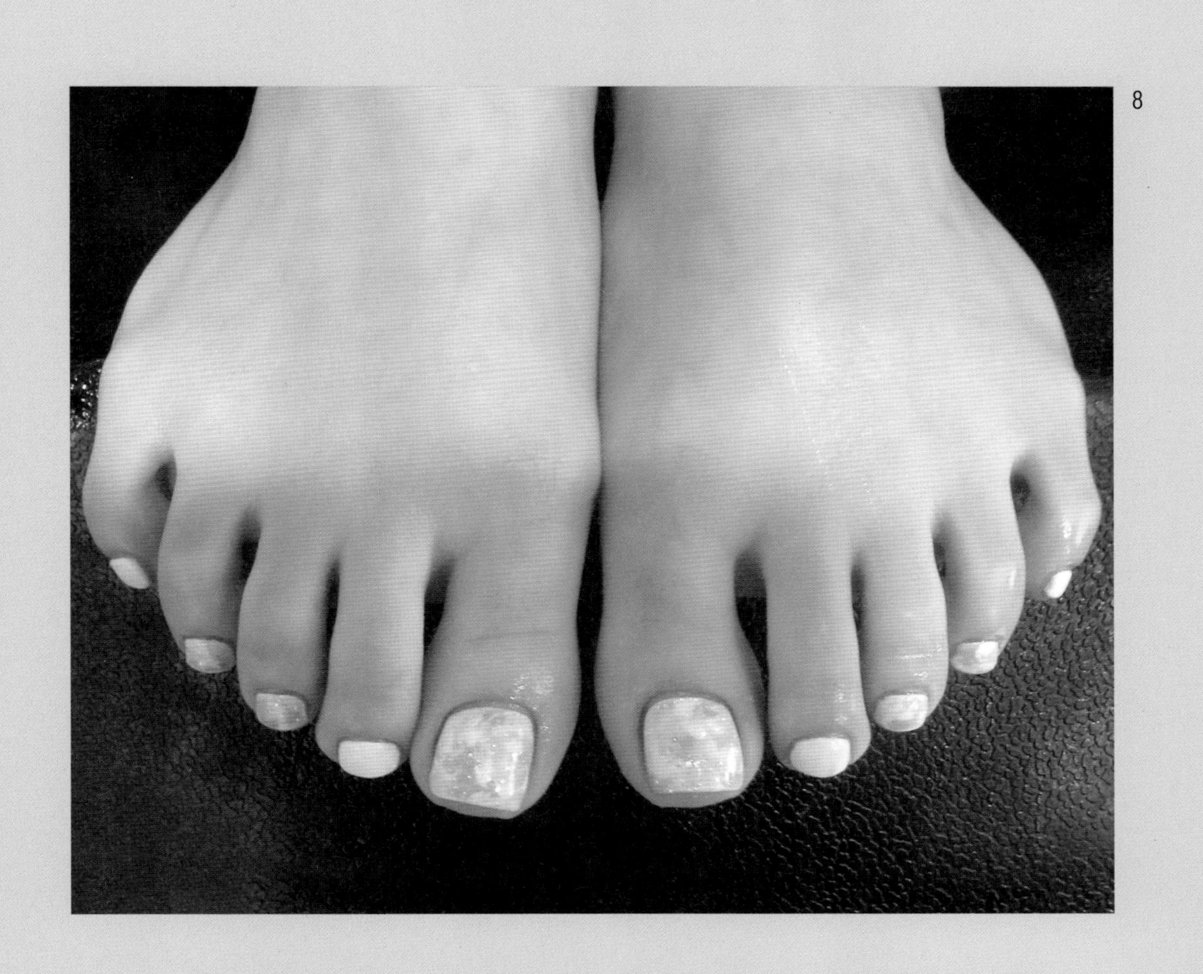

8

데칼 아트

Decal Art

데칼 아트의 개념

데칼decal이란 전사인쇄 또는 판박이 그림이라는 뜻으로 손톱에 붙이는 스티커를 말한다. 뒷면에 접착력이 있어 손톱에 바로 붙일 수 있는 일반 데칼, 물에 불려서 붙이는 워터 데칼, 그리고 손의 열을 이용해서 판박이처럼 붙일 수 있는 드라이 데칼 등 다양한 종류가 있다.

관리재료

기본 재료, 파일, 샌딩버퍼, 젤 본더(프라이머), 베이스 젤, 탑젤, 클리어 젤, 폴리시 젤, 젤 클렌저, 젤 램프기, 데칼, 핀셋, 실크 가위, 고무 푸셔, 오일

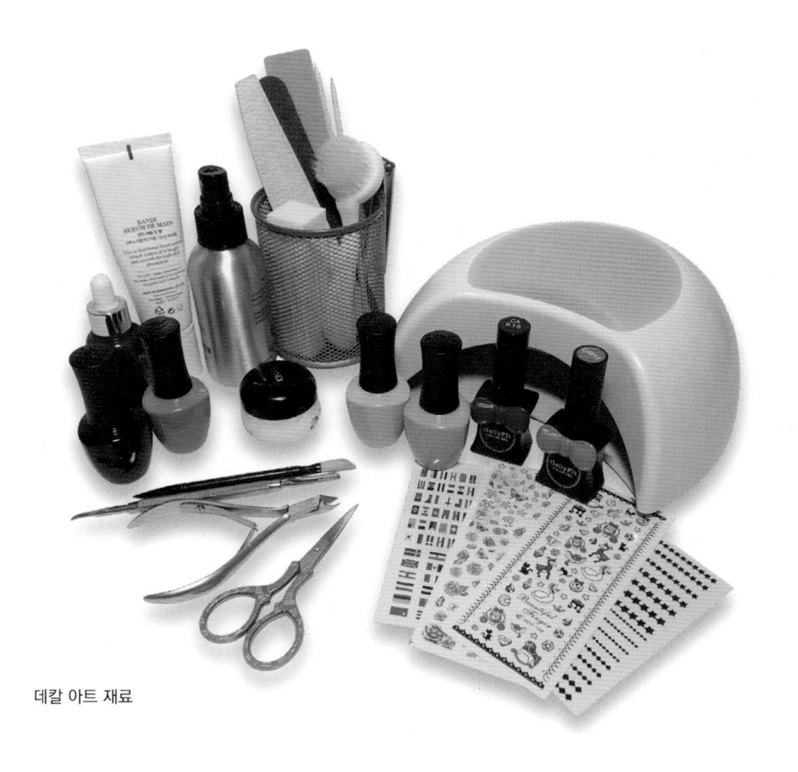

데칼 아트 재료

데칼 아트의 관리과정

▶ **젤 본더 바르기**

에칭된 네일 보디에 젤 본더를 얇게 바른다.

▶ **베이스 젤 바르기**

베이스 젤을 얇게 바른 후 큐어링한다.

▶ **1차 베이스 색상 바르기(1coat)**

큐티클 라인과 네일 사이드에 흐르지 않도록 얇게 바른 후 큐어링한다.

▶ **2차 베이스 색상 바르기(2coat)**

프리에지부터 바르고 전체를 1차1coat로 바른 후 큐어링한다. 선명하게 발색하기 위해 2차2coat로 바른 후 다시 큐어링한다.

← 젤 본더 바르기
→ 베이스 젤 바르기

← 1차 베이스 색상 바르기(1coat)
→ 2차 베이스 색상 바르기(2coat)

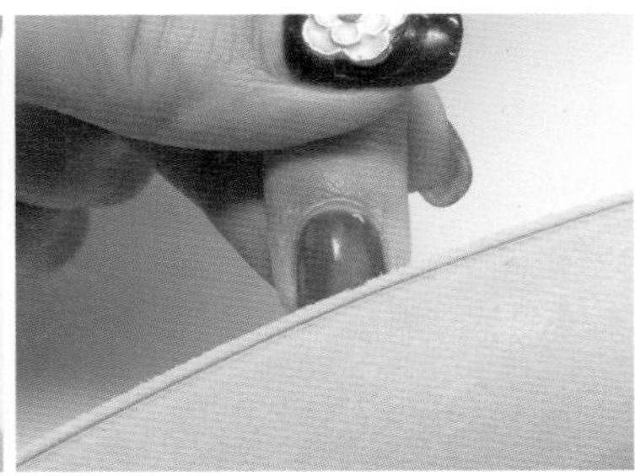

← 1차 탑젤 바르기
— 미경화 젤 닦기
→ 샌딩하기

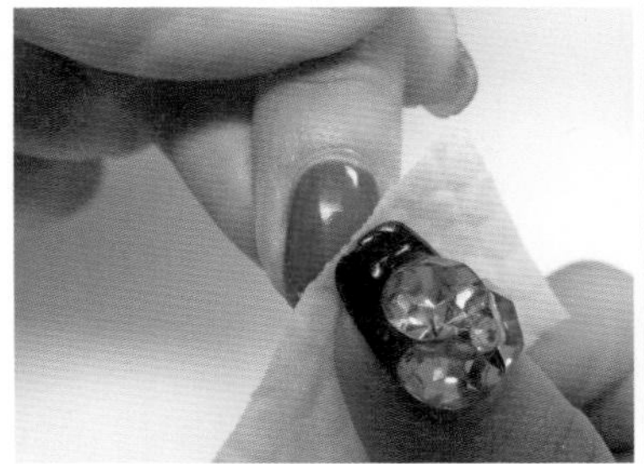

← 표면 닦기
— 데칼 떼어내기
→ 데칼 붙이기

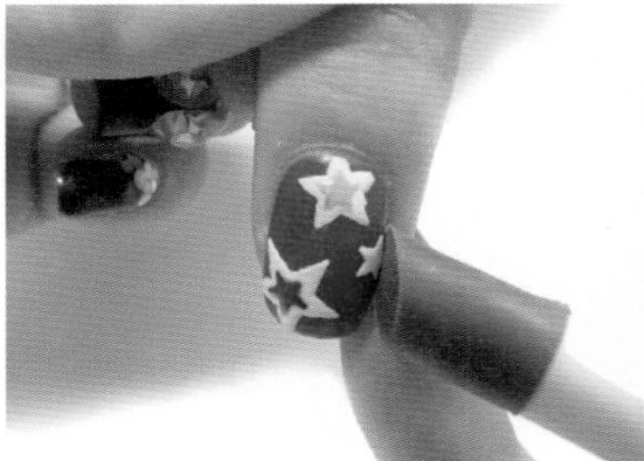
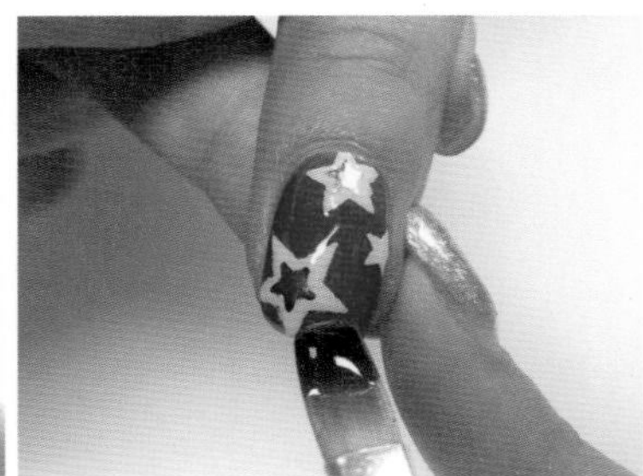

← 여분의 데칼 자르기
— 고무 푸셔로 밀착시키기
→ 클리어 젤 바르기

▶ **1차 탑젤 바르기**

베이스 색상폴리시 젤을 바른 후 젤 클렌저로 닦을 경우 미경화된 젤이 묻어나면서 색상이 고르게 표현이 되지 않을 수 있으므로, 탑젤을 바르고 큐어링한 후 미경화 젤을 닦아야 선명한 색상을 표현할 수 있다.

▶ **젤 클렌저로 미경화 젤 닦기**

표면에 남아 있는 미경화 젤분산막을 닦는다.

▶ **데칼 부착 부분 샌딩하기**

표면이 매끄러운 경우 데칼이 밀리거나 가장자리 부분이 뜰 수 있으므로 데칼 부착 부분을 샌딩한 후 젤 클렌저로 다시 닦는다.

▶ **데칼 붙이기**

원하는 모양의 데칼을 핀셋으로 떼어내서 네일 보디에 붙인 후 뜨지 않도록 밀착시키고 남는 부분은 가위로 자른다. 데칼이 부착된 부분을 고무 푸셔로 다시 한번 눌러서 밀착시킨다.

▶ **클리어 젤 바르기**

데칼 위에 탑젤을 바로 바를 경우 표면이 얇아서 부착된 데칼이 뜰 수 있으므로 약간의 두께감을 주기 위하여 클리어 젤을 바르고 큐어링한다.

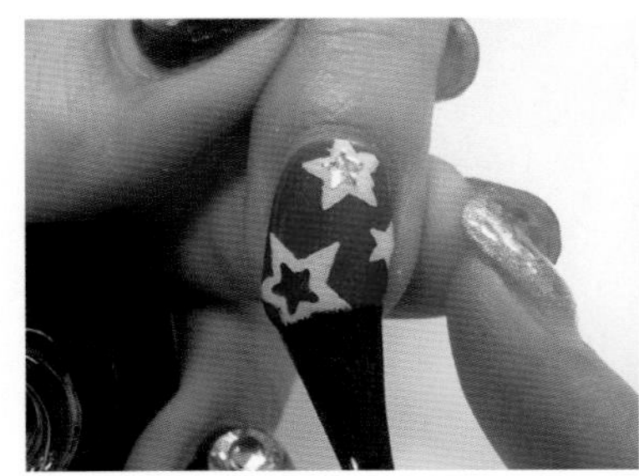

← 2차 탑젤 바르기
— 미경화 젤 닦기
→ 완성하기

▸ 2차 탑젤 바르기

탑젤을 바른 후 큐어링한다.

▸ 미경화 젤 닦기

표면에 남아 있는 미경화 젤분산막을 닦는다.

▸ 완성하기

큐티클 라인에 오일을 발라주고, 핸드로션을 바른 후 마무리한다.

데칼 살롱아트

1

2

3

4

5

6

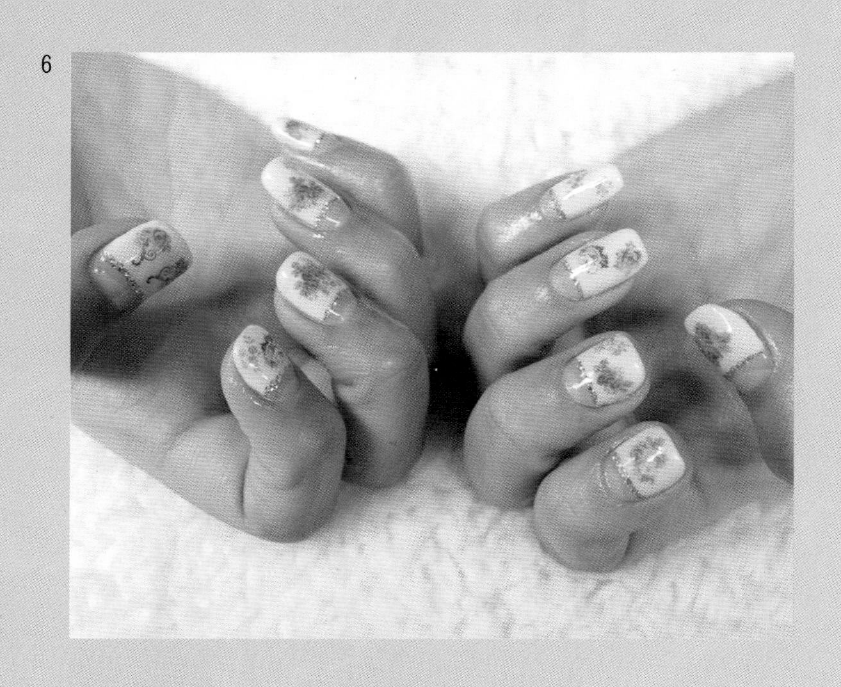

7

핸드페인팅 아트

Hand Painting Art

핸드페인팅 아트의 개념

에나멜, 아크릴 물감, 그리고 젤 등을 이용하여 본인이 원하는 디자인을 붓을 이용하여 직접 네일에 그리는 것으로 간단한 그림부터 섬세하고 예술적인 디자인 표현까지 가능하다.

관리재료

기본 재료, 파일, 젤 본더(프라이머), 베이스 젤, 탑젤, 페인팅 젤, 젤 클렌저, 젤 램프기, 젤 브러시, 세필붓, 오일

핸드페인팅 아트 재료

핸드페인팅 아트의 관리과정

▸ **젤 본더 바르기**

에칭된 네일 보디에 젤 본더를 얇게 바른다.

▸ **베이스 젤 바르기**

베이스 젤을 얇게 바른 후 큐어링한다.

▸ **베이스 색상 바르기**

베이스 색상을 바른 후 큐어링한다. 베이스 색상은 캐릭터의 표현을 높이기 위해 연한 색상으로 바르는 것이 좋으며 주로 화이트 젤을 많이 사용한다.

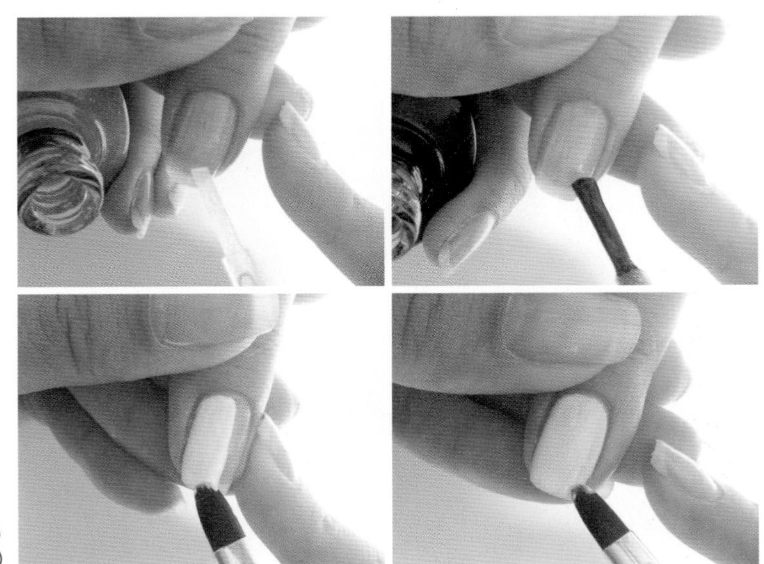

← 젤 본더 바르기
→ 베이스 젤 바르기

← 1차 베이스 색상 바르기(1coat)
→ 2차 베이스 색상 바르기(2coat)

▶ **미경화 젤 닦기**

젤에 따라 같은 브랜드의 제품을 사용할 경우에는 베이스 색상이 번지지 않는 경우도 있지만 타 브랜드 제품끼리 호환하는 경우 미경화 젤의 영향으로 밑그림이 번질 수 있으므로 젤 클렌저로 미경화 젤분산막을 닦는 것이 좋다.

▶ **밑그림 그리기**

원하는 캐릭터의 밑그림을 그린 후 큐어링한다.

▶ **채색하기**

연한 색상부터 채색한 후 중간중간 반드시 큐어링을 하여 다른 색상과 번지지 않도록 한다.

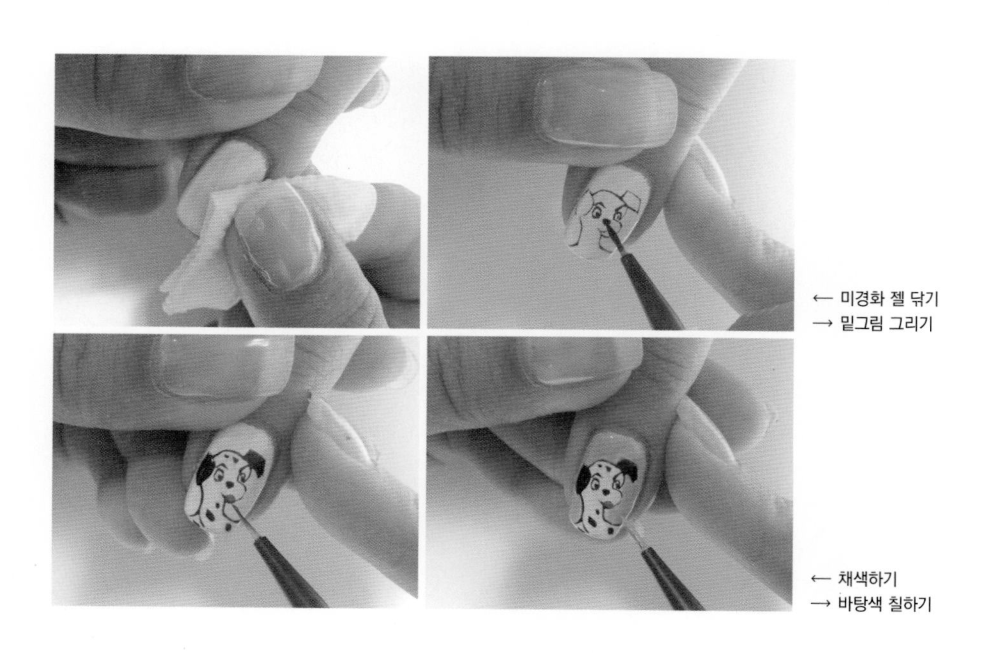

← 미경화 젤 닦기
→ 밑그림 그리기

← 채색하기
→ 바탕색 칠하기

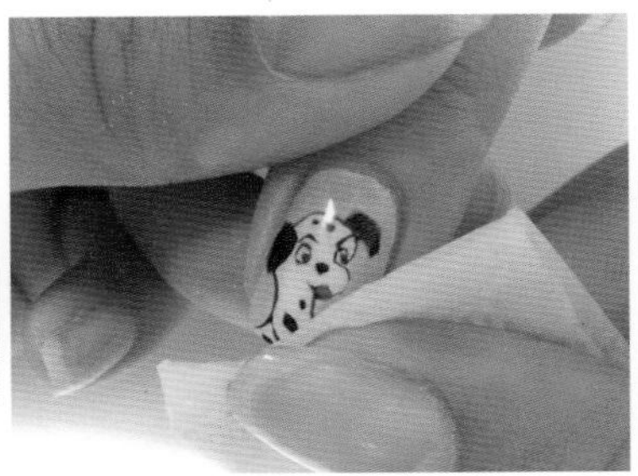
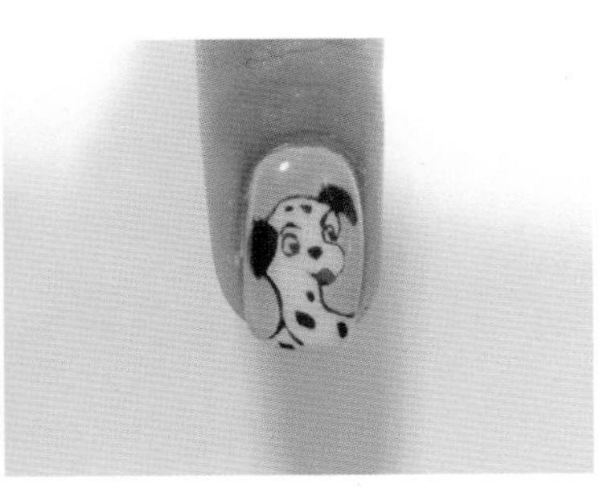

← 탑젤 바르기
— 미경화 젤 닦기
→ 완성하기

▸ **탑젤 바르기**

핸드페인팅이 쉽게 벗겨지는 것을 막으려면 탑젤을 2번2coat 발라주는 것이 좋다.

▸ **미경화 젤 닦기**

표면에 남아 있는 미경화 젤분산막을 닦는다.

▸ **완성하기**

큐티클 라인에 오일을 발라주고, 핸드로션을 바른 후 마무리한다.

1

2

3

4

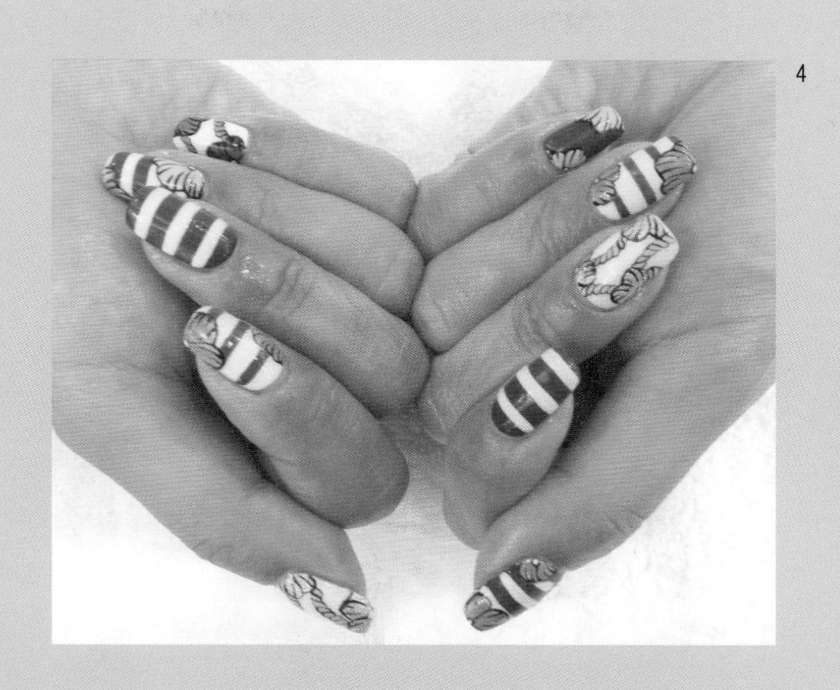

5

6

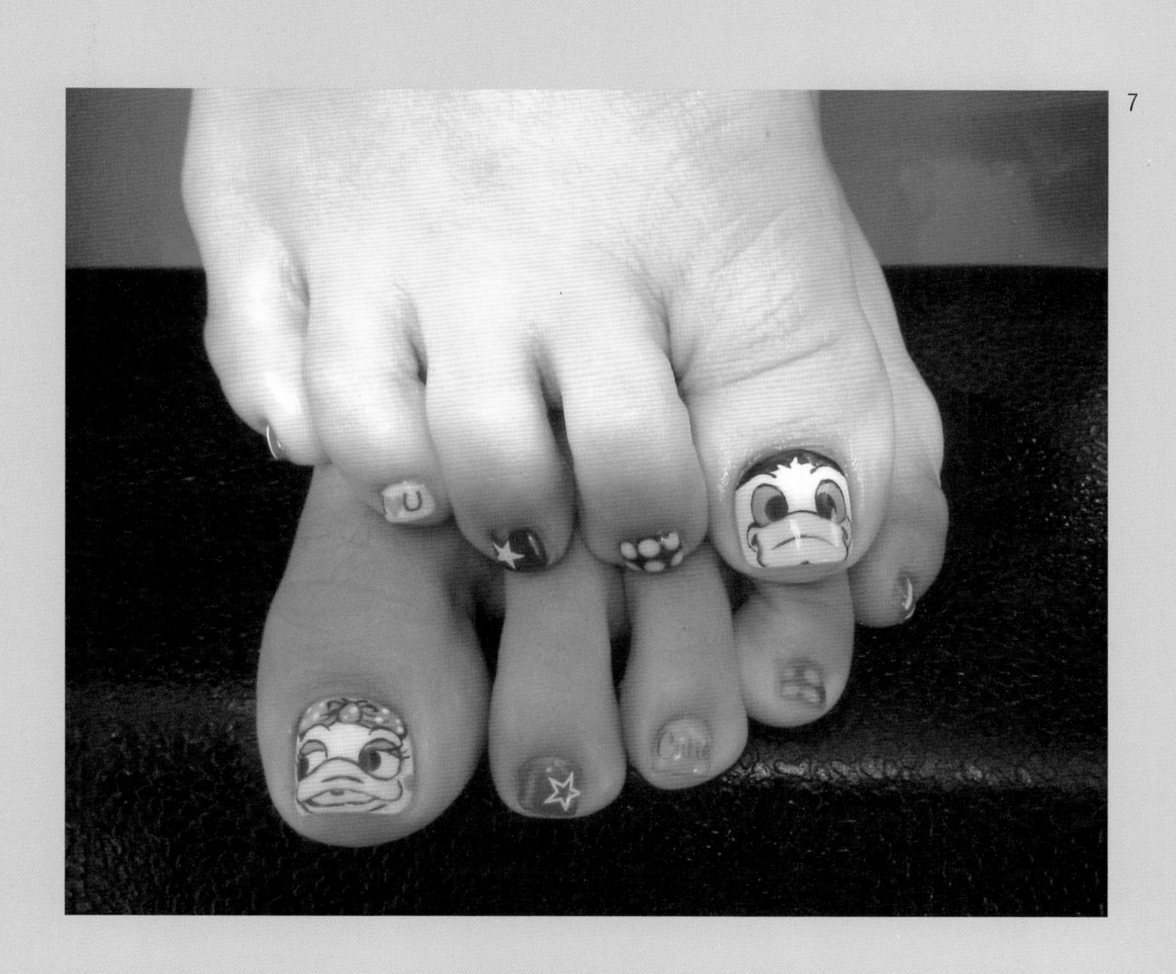

7

8

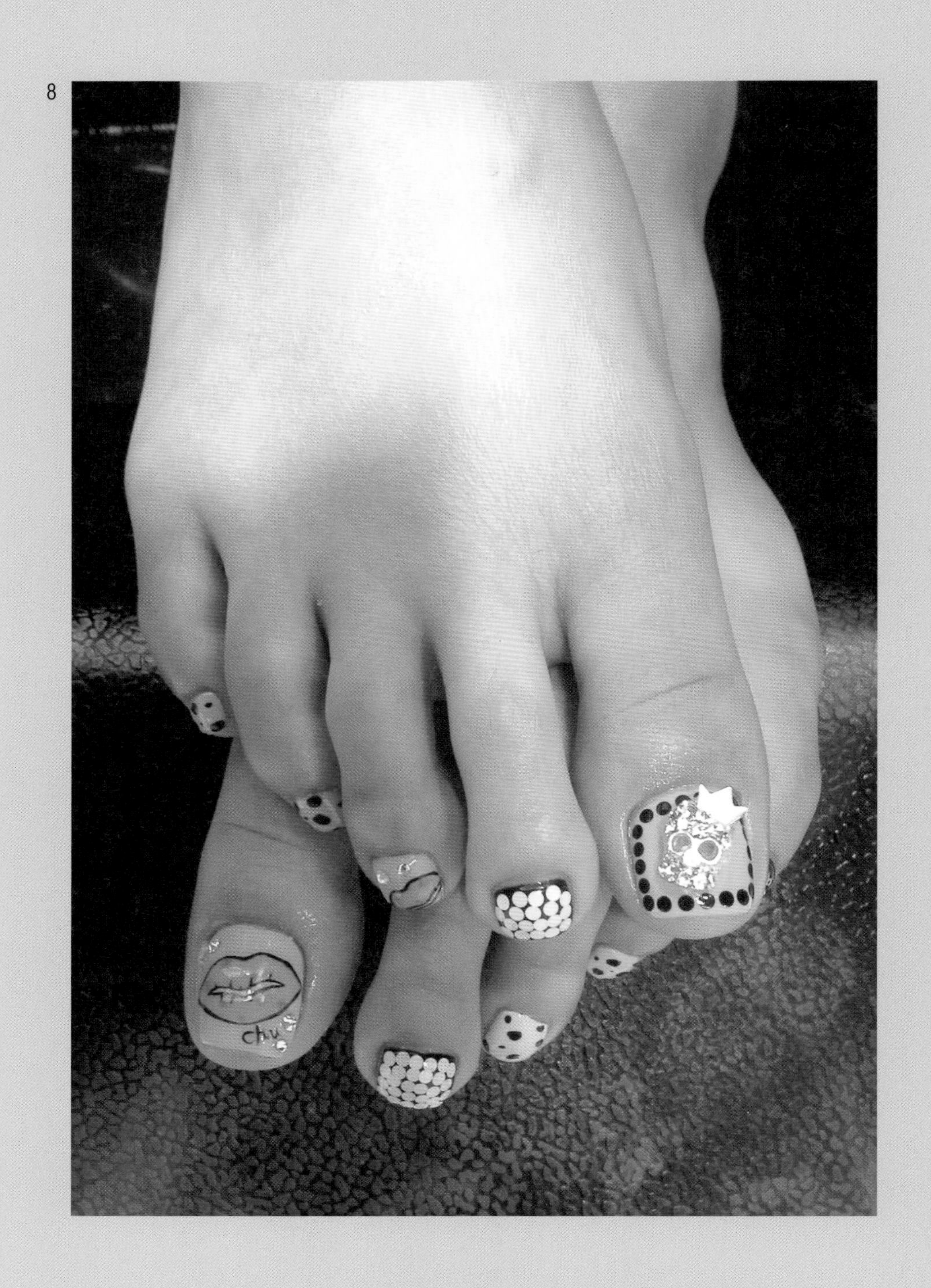

네일파츠 아트

Nail Parts Art

네일파츠 아트의 개념

네일파츠 아트는 파츠 액세서리를 이용하여 네일 아트를 하는 것으로 파츠parts 액세서리는 부품액세서리라는 뜻으로 펜던트의 고두리를 가죽 끈에 꿰어 목걸이로 하거나 링에 박아 귀고리를 하는 등 짜 맞추는 액세서리를 말하며 네일 미용에서는 네일 보디에 꾸미는 액세서리로 입체적인 장식물을 말한다.

네일파츠 소재는 플라스틱, 금속, 그리고 고무 등이 있으며 손톱 위에 올릴 수 있는 아주 작은 크기의 장식물부터 손톱보다 커서 마치 3D처럼 보이는 크기의 장식물도 있다.

네일파츠 아트는 네일 보디에 파츠를 부착하는 것으로 쉽게 떨어지지 않게 하기 위하여 파츠 전용 글루나 파츠 젤을 사용하여 붙여 준 후 클리어 젤로 감싸주면 오랫동안 파츠를 유지할 수 있다. 파츠를 올릴 경우 컬러링 또는 아트를 한 후 탑젤을 바르고, 미경화 젤분산막을 닦아낸 다음 마무리오일, 로션를 하지 않고, 샌딩을 한 후 그 부분에 부착한다.

파츠는 네일 아트의 꽃이라고 할 수 있으며 손톱뿐만 아니라 발톱에도 사용이 가능하며 그 종류는 매우 다양하다. 흔하지 않은 개성 만점의 네일파츠들도 많이 있고, 약간 넓적한 파츠부터 볼록 튀어나온 파츠까지 특이한 것들이 있으며, 크리스마스와 같이 계절감을 한껏 살린 이벤트 파츠, 음식물 모형의 페이크푸드 파츠, 그리고 스와로브스키처럼 화려한 보석으로 장식된 파츠 등이 있다. 이와 같은 네일파츠는 연한 파스텔 컬러부터 보석 컬러처럼 오묘한 색상까지 여러 가지가 있어 우아한 느낌을 주면서 멋스러워 보인다.

관리재료

기본 재료, 파일, 탑젤, 클리어 젤, 젤 클렌저, 젤 램프기, 세필붓, 핀셋, 파츠, 파츠 글루, 글루 드라이어, 오일

네일파츠 아트 재료

파츠 전용 글루를 사용한 파츠 붙이는 법

▶ **파츠 부착 자리 샌딩하기**

파츠가 쉽게 떨어지지 않도록 파츠를 부착할 부분을 샌딩한다.

▶ **젤 클렌저로 표면 닦기**

젤 클렌저로 먼지나 유분기를 없애준다. 유분기가 남아 있을 경우 파츠가 떨어지기 쉽다.

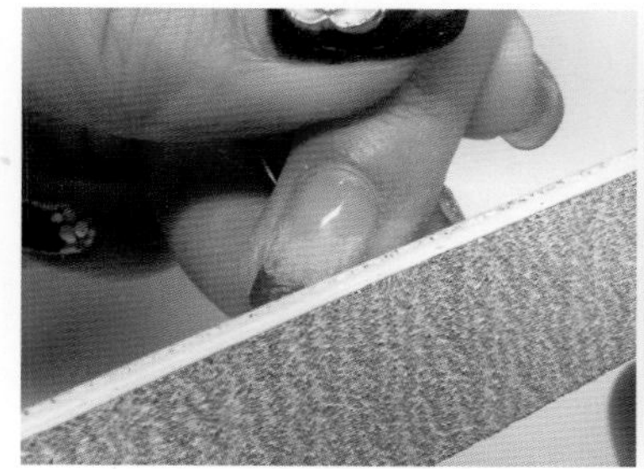
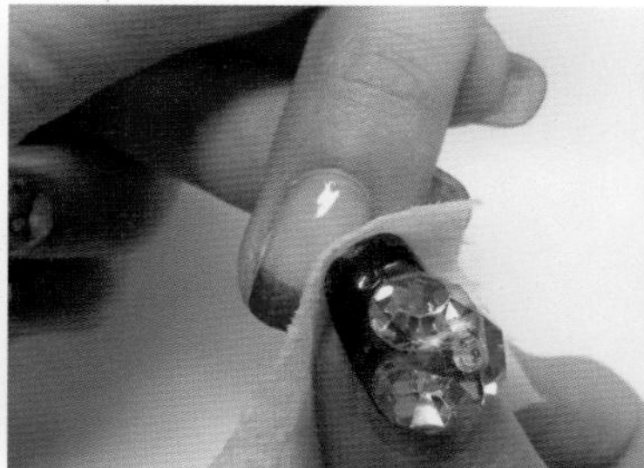

← 샌딩하기
— 표면 닦기
→ 파츠 글루 바르기

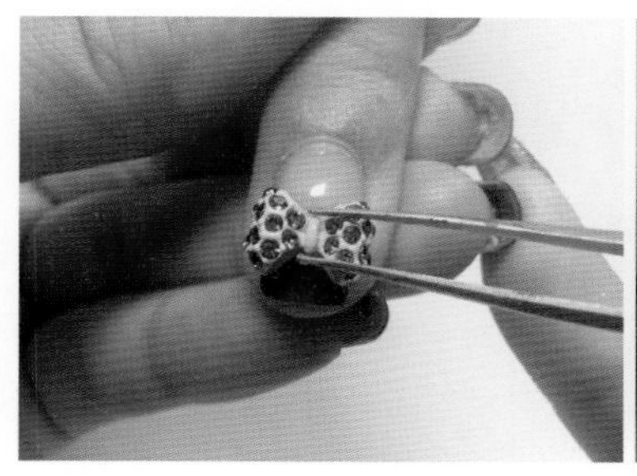

← 파츠 부착하기
— 글루 드라이어 뿌리기
→ 파츠 아랫부분 채우기

▶ **파츠 글루 바르기**

파츠 전용 글루는 일반 젤 글루와는 달리 흘러내리지 않아 크거나 무거운 파츠를 고정시키기 쉽다. 파츠의 크기에 맞게 글루의 양을 조절해야 하며, 크기가 큰 파츠일 경우 글루가 흘러내리지 않도록 파츠의 부착면과 손톱 보디에 각각 소량의 글루를 바르도록 한다.

▶ **파츠 부착하기**

고객이 원하는 파츠를 부착한다.

▶ **글루 드라이어 뿌리기**

파츠를 부착한 부분에 글루 드라이어를 뿌려 건조한다. 글루 드라이어를 너무 가까이에서 뿌리거나 많은 양을 뿌리면 백탁 현상이 발생하므로 주의한다.

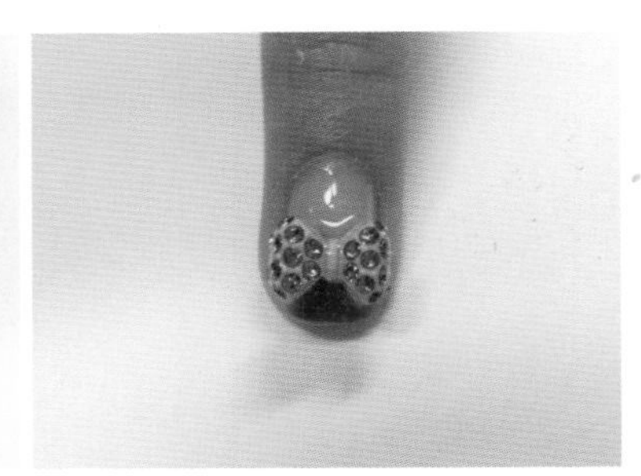

← 탑젤 바르기
— 미경화 젤 닦기
→ 완성하기

▶ **파츠 아랫부분 채우기**

파츠와 손톱 보디 사이에 틈이 있을 경우 머리카락이 끼일 수 있으므로 클리어 젤로 채워준 후 큐어링한다.

▶ **탑젤 바르기**

클리어 젤을 바른 파츠 부분에 광택을 주기 위해 탑젤을 바르고 큐어링한다.

▶ **젤 클렌저로 미경화 젤 닦기**

파츠 표면에 남아 있는 미경화 젤분산막을 닦는다.

▶ **완성하기**

큐티클 라인에 오일을 발라주고, 핸드로션을 바른 후 마무리한다.

관리재료

기본 재료, 파일, 탑젤, 클리어 젤, 파츠 젤, 젤 클렌저, 젤 램프기, 세필붓, 핀셋, V컷 파츠, 스패튤라

V컷 파츠 재료

파츠 전용 젤을 사용한 V컷 파츠 붙이는 법

▶ **파츠 부착 부분 샌딩하기**

파츠가 쉽게 떨어지지 않도록 파츠를 부착할 부분을 샌딩한다.

▶ **젤 클렌저로 표면 닦기**

먼지나 유분기가 남아 있을 경우 파츠가 떨어지기 쉬우므로 젤 클렌저로 표면을 닦는다.

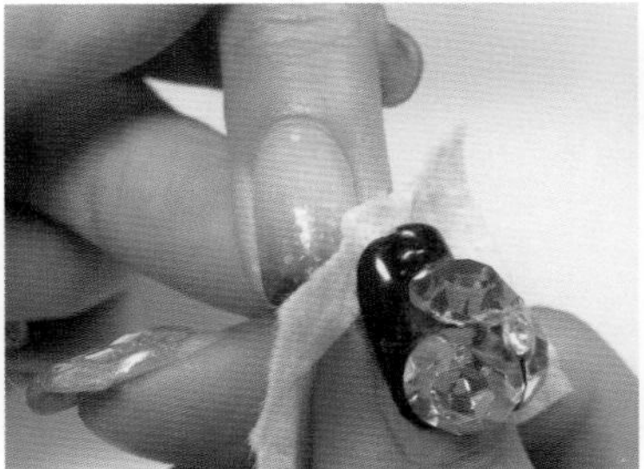

← 샌딩하기
— 표면 닦기
→ 파츠 젤 덜기

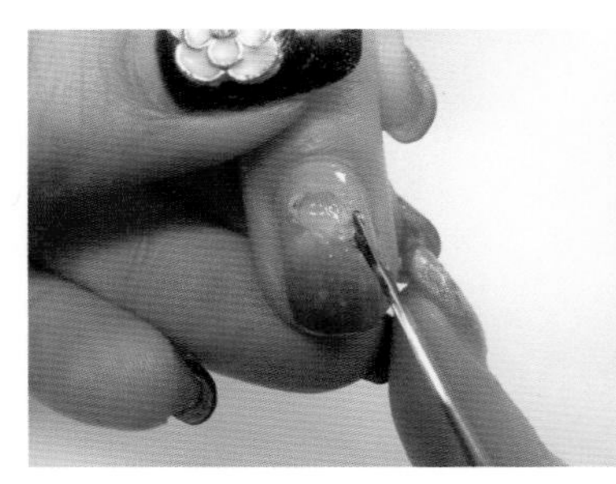

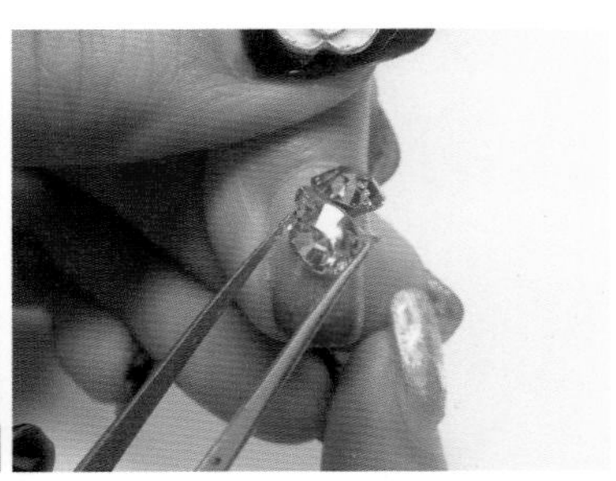

← 파츠 젤 올리기
— 1차 V컷 파츠 올리기
→ 2차 V컷 파츠 올리기

▸ 파츠 젤 올리기

파츠 전용 젤은 일반 클리어 젤과 달리 흘러내리지 않아 크거나 무거운 파츠를 고정시키기 쉽다. 스패튤라로 파츠의 크기에 맞게 젤의 양을 떠서 네일 보디에 올린다.

▸ 파츠 부착하기

큐티클 라인에 맞추어 V컷 파츠를 올린 후 아래쪽에 V컷 파츠 2개를 부착한다. 3개의 V컷 파츠가 균형을 잘 이루었다면 파츠 중간의 공간이 역삼각형이 된다. 역삼각형의 공간에 작은 V컷 파츠를 올려주면 완성도가 높아진다. 파츠를 올린 후 큐어링한다.

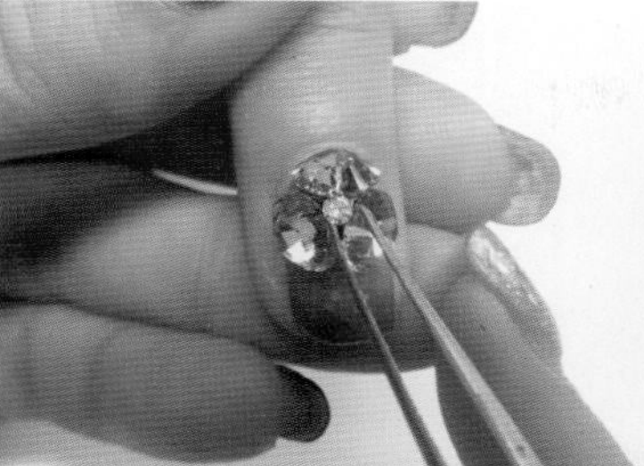

← 3차 V컷 파츠 올리기
— 작은 V컷 스톤 올리기
→ 아랫부분 채우기

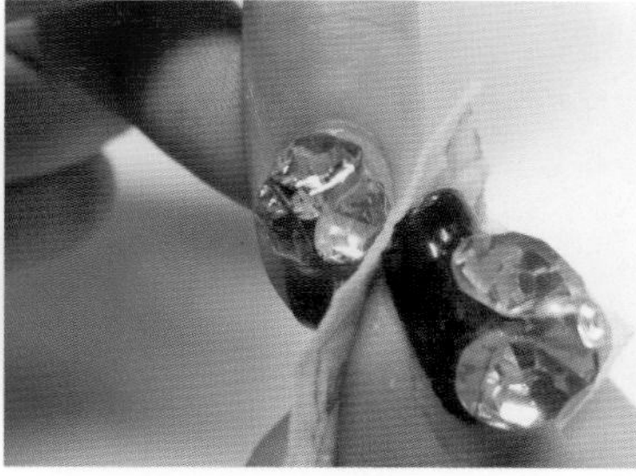
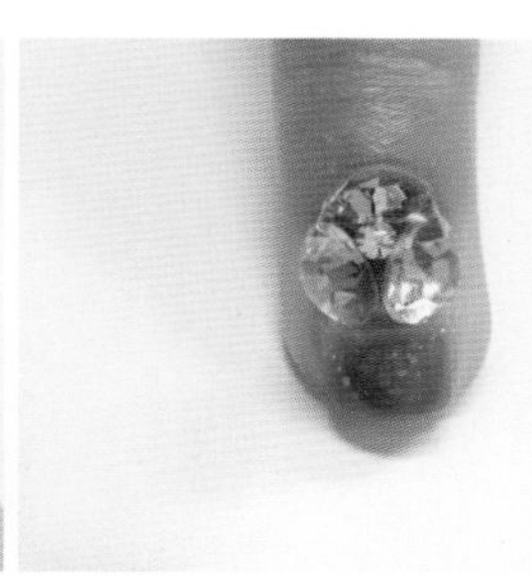

← 탑젤 바르기
— 미경화 젤 닦기
→ 완성하기

▶ **파츠 아랫부분 채우기**

V컷 파츠와 손톱 사이에 틈이 벌어져 있을 경우 머리카락이 끼일 수 있으므로 클리어 젤로 틈 사이를 채운 후 큐어링한다.

▶ **탑젤 바르기**

클리어 젤을 바른 파츠 부분에 광택을 주기 위해 탑젤을 바른 후 큐어링한다.

▶ **젤 클렌저로 미경화 젤 닦기**

파츠 표면에 남아 있는 미경화 젤분산막을 닦는다.

▶ **완성하기**

큐티클 라인에 오일을 발라주고, 핸드로션을 바른 후 마무리한다.

파츠 살롱 아트

1

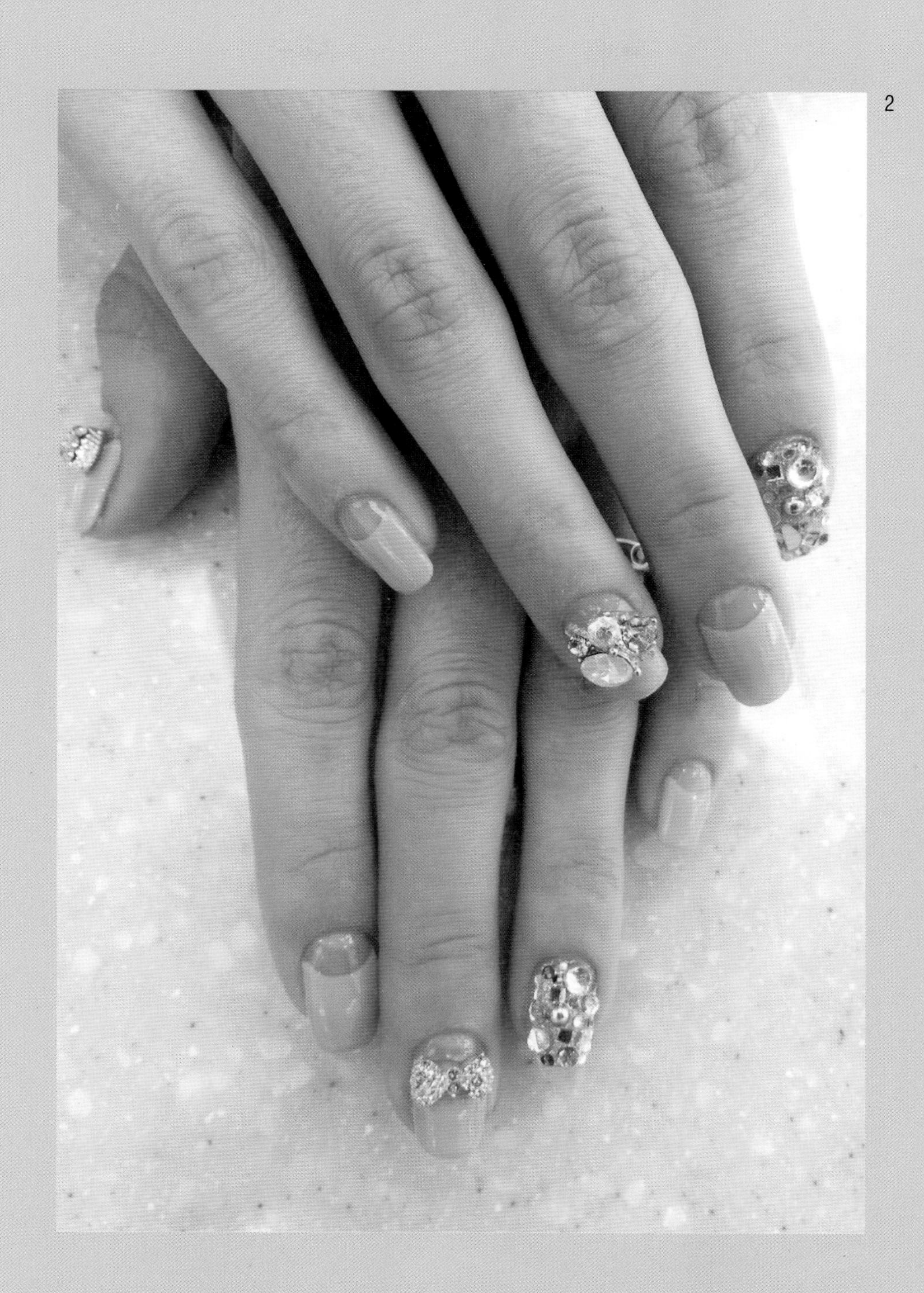

2

3

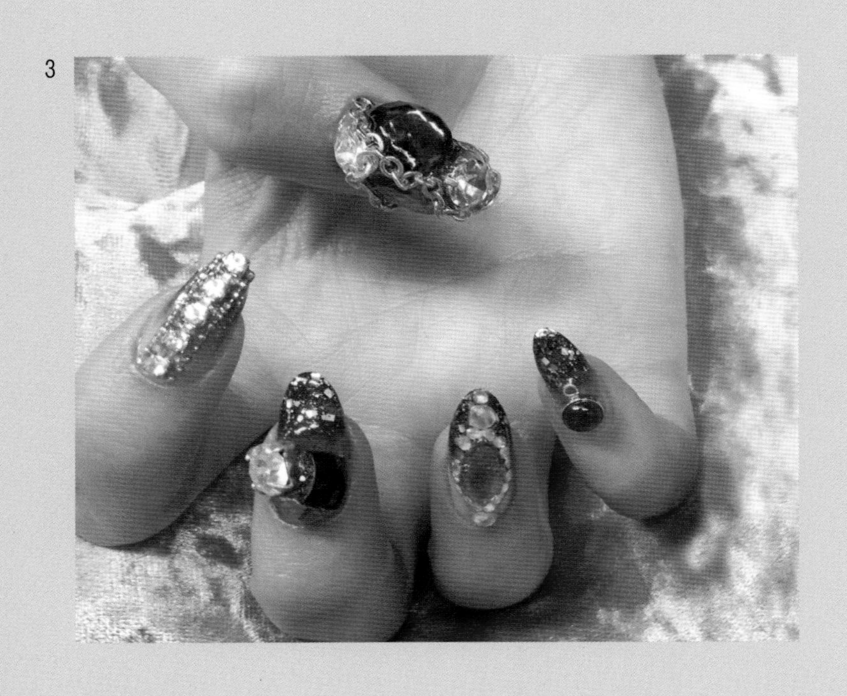

4

5

6

7

8

9

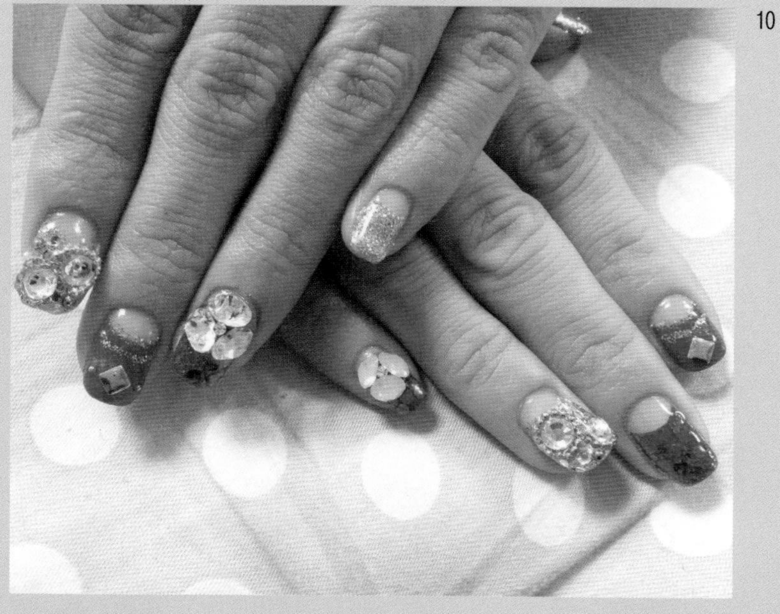

10

원석 아트

Gemstone Art

원석의 개념

원석이란 아직 가공하지 않은 보석, 제련하지 않은 채광한 그대로의 광석이라는 뜻으로 네일을 데코할 때 사용하는 보석의 한 종류이다. 네일 데코용으로 제작되어 판매하는 것을 사용할 수도 있지만 젤을 이용하여 원하는 원석 데코를 만들 수도 있다.

관리재료

풀팁, 호일, 베이스 젤, 탑젤, 클리어 젤, 폴리시 젤, 젤 클렌저, 글리터, 홀로그램, 세필붓, 드릴머신, 메탈비트, 호일

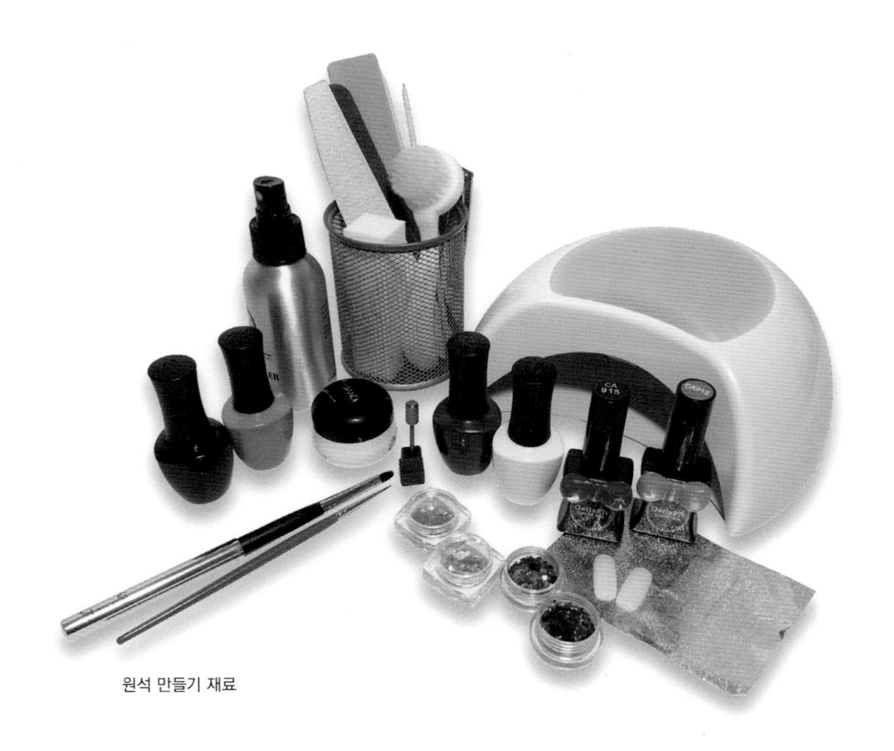

원석 만들기 재료

원석 만들기

▸ **풀팁에 호일 감싸기**

네일에 원석을 바로 만들어 올릴 수도 있지만 클리어 젤을 두껍게 올릴 경우 뜨거울 수 있으므로 원석을 따로 만들어 붙여주는 것이 좋다. 인조 풀팁에 호일을 감싸준 후 호일 위에 원석을 만들면 네일의 C커브 형태로 원석이 만들어진다. 호일을 인조 풀팁에 감쌀 때는 반짝이지 않는 부분이 표면이 되도록 한다.

▸ **베이스 젤 바르기**

베이스 젤을 원하는 크기나 디자인대로 바른 후 큐어링한다.

▸ **1차 베이스컬러 바르기(1coat)**

원하는 색상을 바른 후 큐어링한다.

← 풀팁에 호일 감싸기 1
→ 풀팁에 호일 감싸기 2

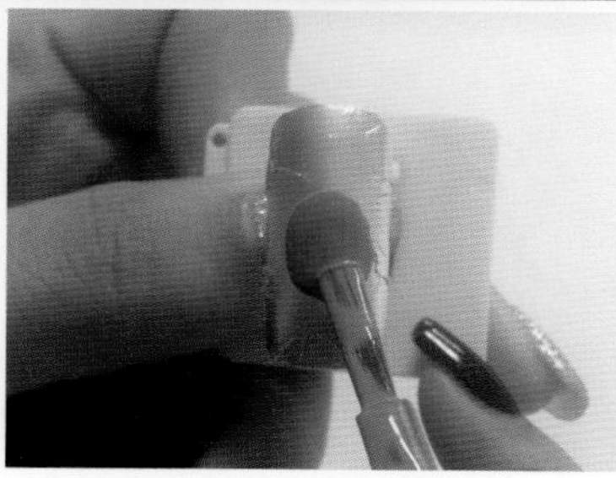

← 베이스 젤 바르기
→ 1차 베이스컬러 바르기(1coat)

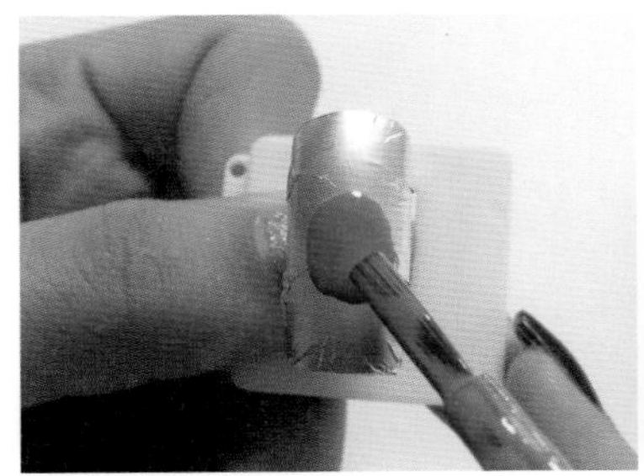

← 2차 베이스컬러 바르기(2coat)
→ 1차 컬러 젤 떨어뜨리기

▶ **2차 베이스컬러 바른 후 컬러 젤 떨어뜨리기**

1차1coat 색상을 한 번 더 바른 후 큐어링하지 않고 마블에 필요한 컬러 젤을 떨어뜨린다.

▶ **마블링하기**

떨어뜨린 컬러 젤에 세필붓을 사용하여 원하는 디자인으로 마블링 한 후 큐어링한다.

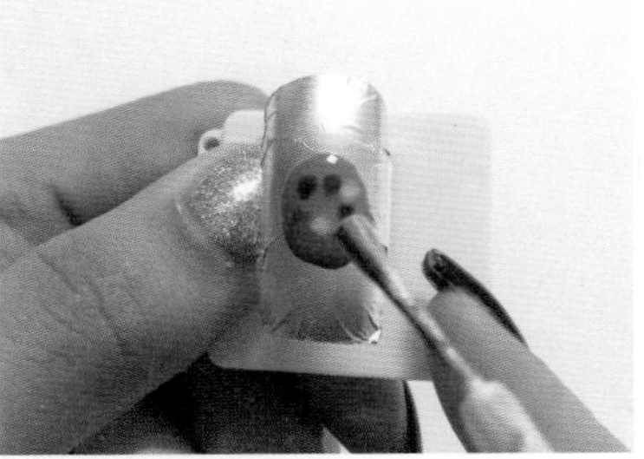

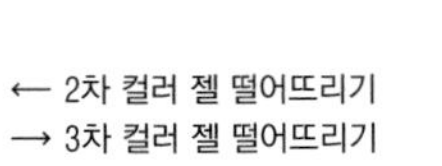
← 2차 컬러 젤 떨어뜨리기
→ 3차 컬러 젤 떨어뜨리기

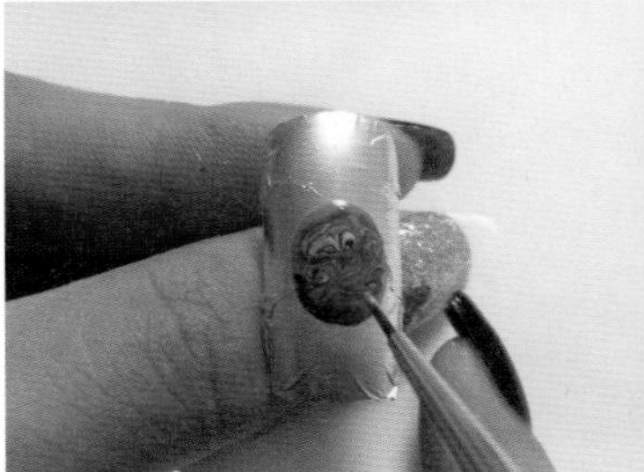
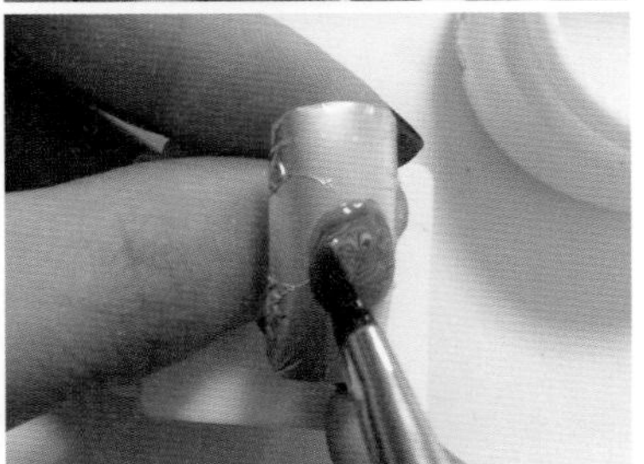

← 마블링하기
→ 클리어 젤 바르기

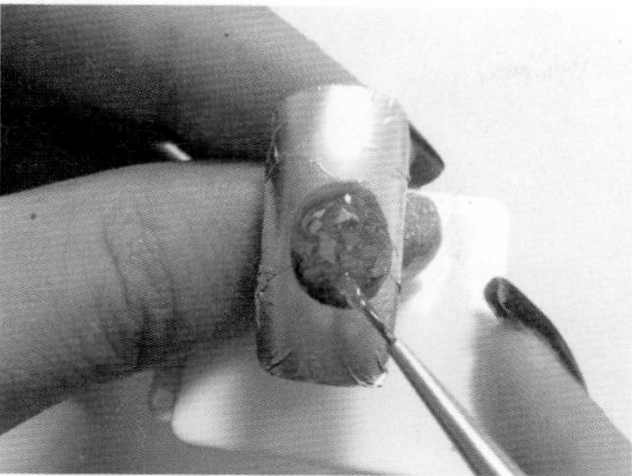

← 여러 가지 글리터
→ 글리터 올리기

▶ **글리터·홀로그램 올리기**

클리어 젤을 바른 후 글리터나 홀로그램을 올린 다음 큐어링한다.

▶ **클리어 젤로 돔 형태 만들기**

세필붓으로 클리어 젤을 동그랗게 뜬 후 원석 부분에 둥글게 올려준다. 이때 세필붓으로 원을 그리듯이 클리어 젤을 올려준 후 가운데에서 브러시를 위로 떼어내면 1~2초 후 자연스러운 돔 형태가 완성된

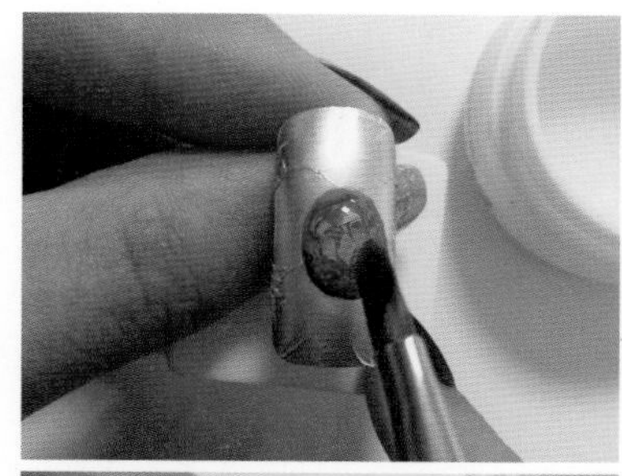

← 1차 클리어 젤 올리기
→ 원석 측면

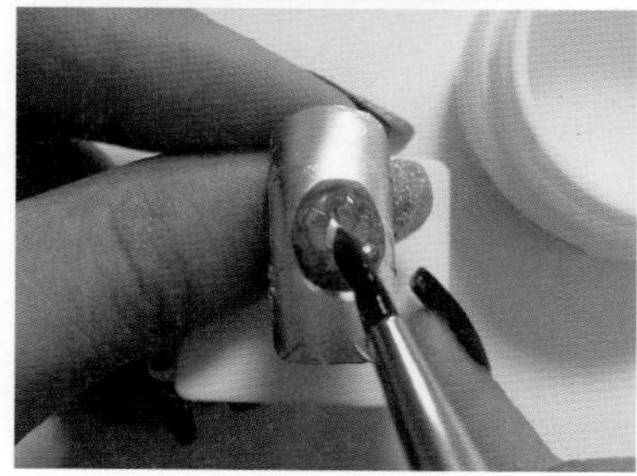

← 2차 클리어 젤 올리기
→ 원석 측면

다. 원하는 높이의 돔 형태가 만들어지도록 2~3번 반복해서 올려준 후 큐어링한다.

▶ 탑젤 바르기

완성된 원석 위에 탑젤을 꼼꼼히 바른 후 큐어링한다.

▶ 젤 클렌저로 미경화 젤 닦기

표면에 남아 있는 미경화 젤(분산막)을 닦는다.

▶ 호일 떼어내기

탑젤로 닦은 완성된 원석을 호일에서 떼어낸다.

▶ 가장자리 다듬기

원석 가장자리가 매끈하지 않을 경우 파일이나 드릴머신의 메탈비트를 사용하여 매끈하게 다듬는다.

▶ 완성하기

가장자리가 정리되면 원하는 디자인에 원석을 사용한다.

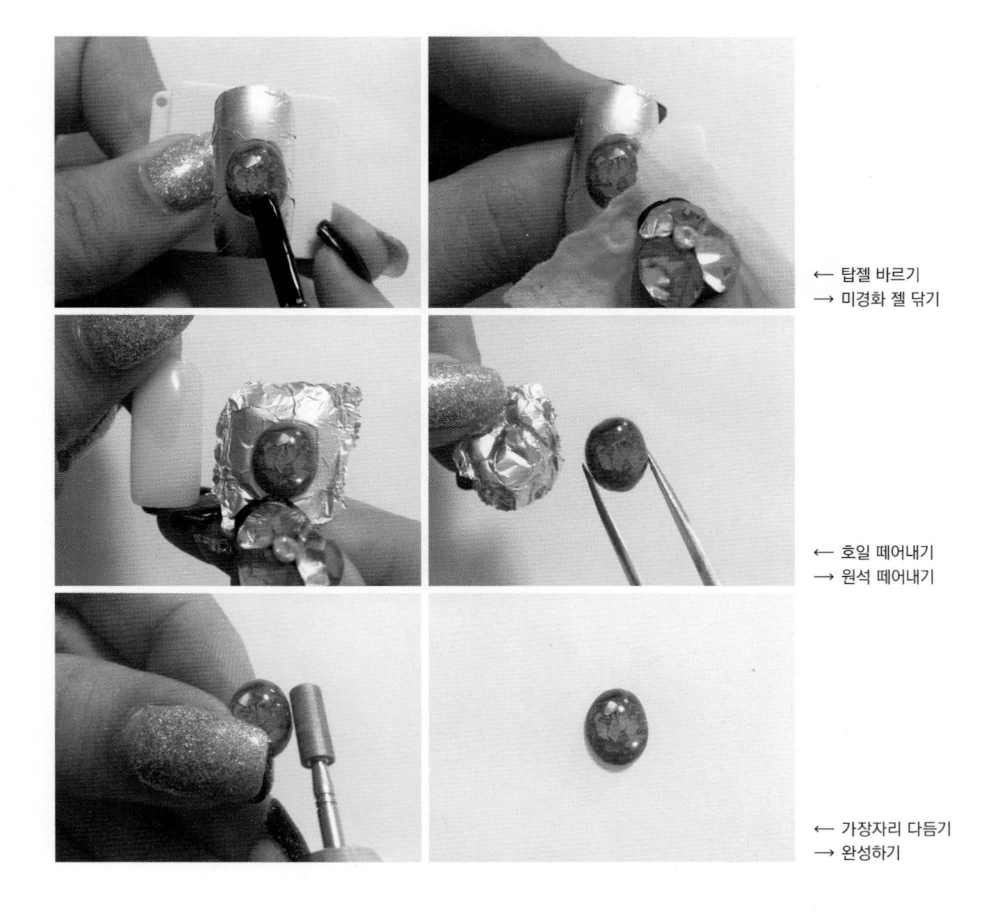

← 탑젤 바르기
→ 미경화 젤 닦기

← 호일 떼어내기
→ 원석 떼어내기

← 가장자리 다듬기
→ 완성하기

원석 데커레이션

만들어진 원석을 디자인에 따라 다양하게 활용할 수 있다.

관리재료

기본 재료, 파일, 젤 본더(프라이머), 베이스 젤, 탑젤, 클리어 젤, 폴리시 젤, 젤 클렌저, 젤 램프기, 원석, 스톤, 참, 세필붓, 핀셋, 오일

원석 데커레이션 재료

▶ **1차 클리어 젤 바르기**

컬러링이 되어 있는 손톱 보디에 원석 올릴 부분을 클리어 젤로 바른다.

← 1차 클리어 젤 바르기
— 원석 올리기
→ 원석 테두리에 2차 클리어 젤 바르기

▶ **원석 올리기**

손톱의 C커브 곡선과 원석 아랫부분의 C커브 곡선을 맞추어 원석을 올려준 후 큐어링한다.

▶ **장식하기**

원석 테두리 부분에 세필붓을 사용하여 클리어 젤을 2차로 바른 후 스톤이나 참으로 장식한 후 큐어링한다.

▶ **3차 클리어 젤 바르기**

스톤이나 참장식이 떨어지지 않도록 클리어 젤로 바른 후 큐어링한다.

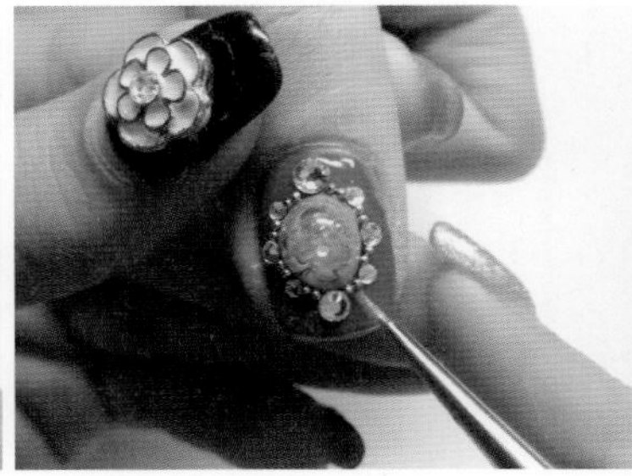

← 메인스톤 올리기
— 참장식 올리기
→ 3차 클리어 젤 바르기

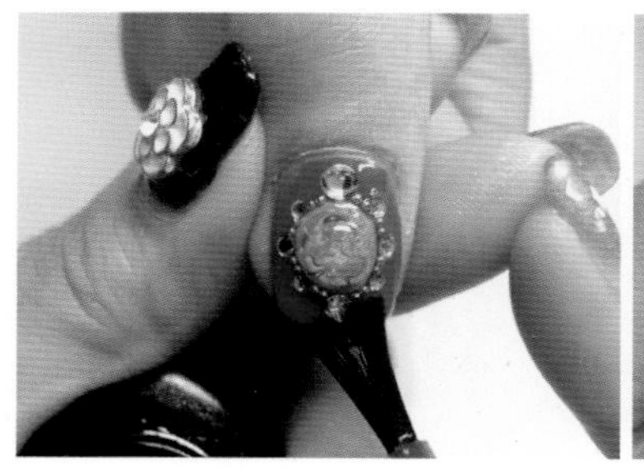

← 탑젤 바르기
— 미경화 젤 닦기
→ 완성하기

▶ **탑젤 바르기**

손톱 보디 전체에 탑젤을 꼼꼼히 바른 후 큐어링한다.

▶ **젤 클렌저로 미경화 젤 닦기**

표면에 남아 있는 미경화 젤분산막을 닦는다.

▶ **완성하기**

큐티클 라인에 오일을 발라주고, 핸드로션을 바른 후 마무리한다.

원석 데코 살롱아트

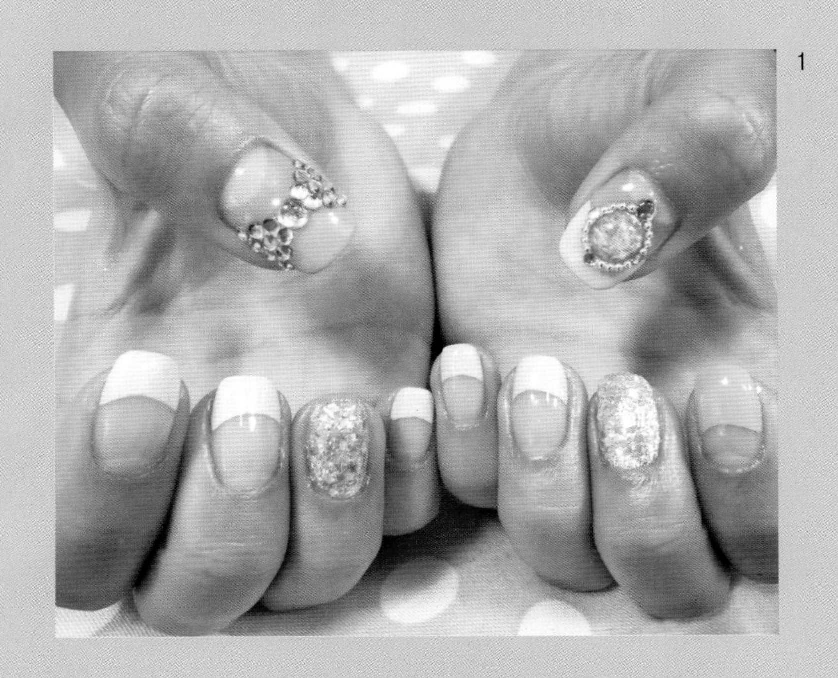

1

2

3

4

5

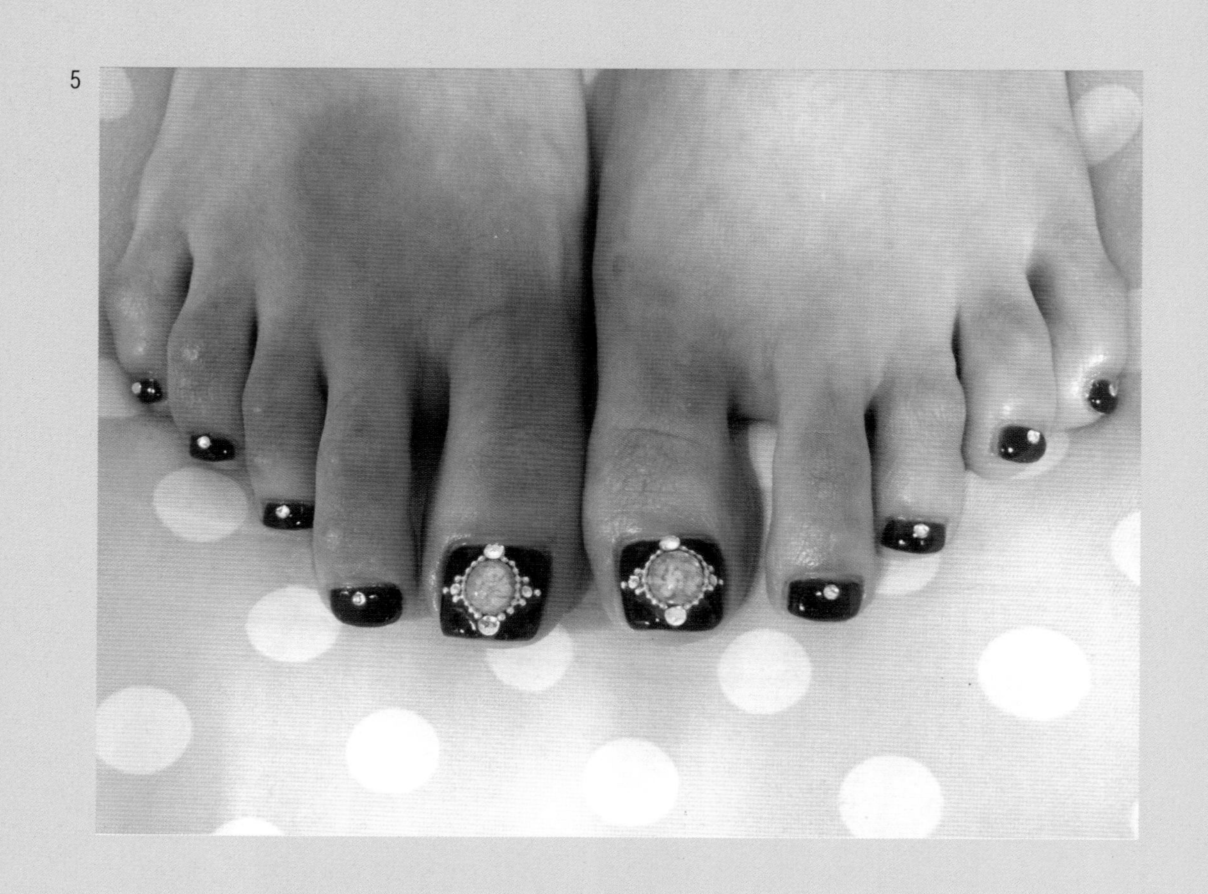

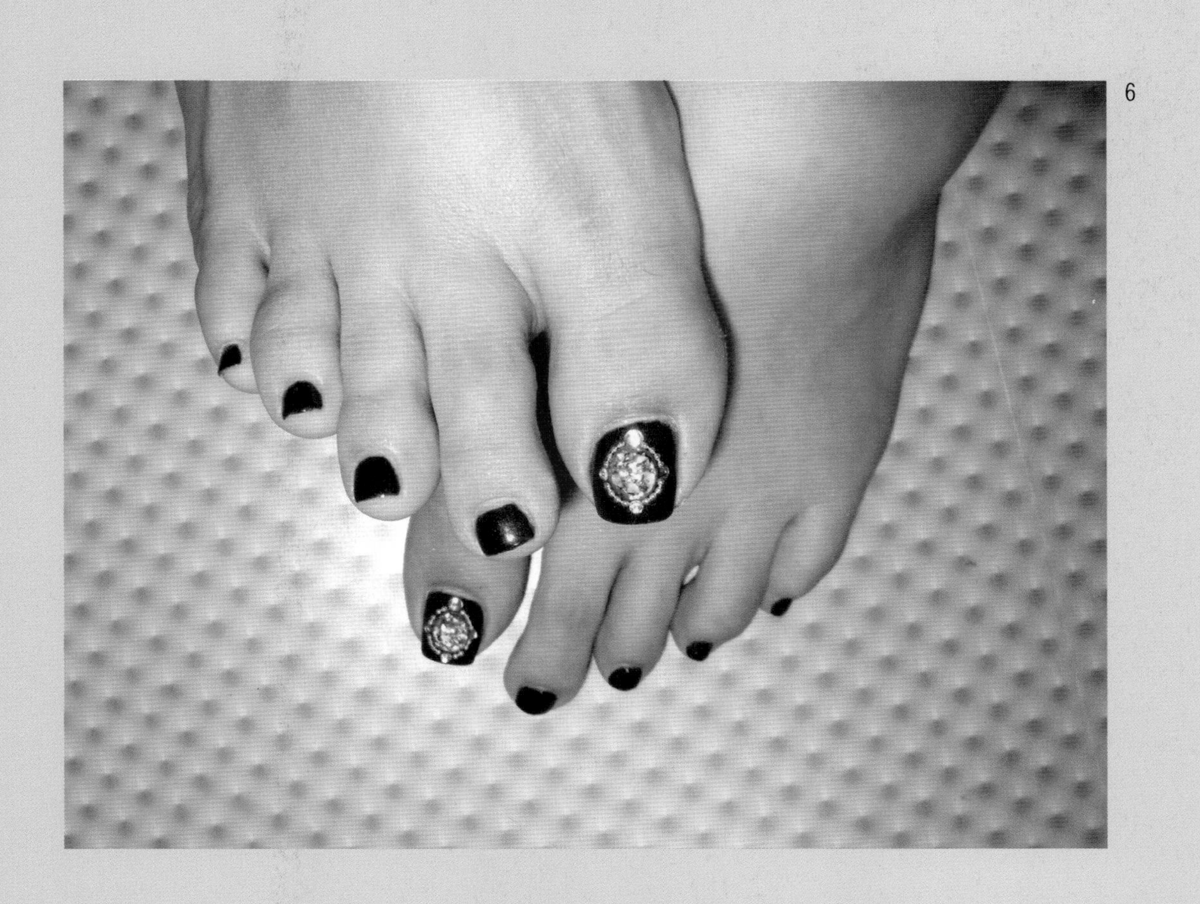

6

REFERENCE
참고문헌

김나영 외(2012). 네일아트 테크놀로지- 손끝에서 창조되는 색채 예술의 세계(Nail Art Technology). 광문각.

김도이 외(2013). Nail to Nail. 한맥출판사.

김미원 외(2006). The World of Nail Technology. 성화출판사.

서동균(2009). 오닉스 네일리스트. 훈민사.

여상미(2008). 네일케어 & 아트. 형설출판사.

유지혜(2013). (한권으로 끝내주는)네일아트 필기 & 실기문제(Nail Art). 크라운출판사.

이미선(2007). 트렌드를 만드는 Nail Art & Technic. 교학사.

이영순(2005). 네일테크니션 자격시험 예상문제집(Nail Technology). 고문사.

조슬아(2013). 네일아트美학(Nail Art Esthetics). 구민사.

최성용 외(2009). 서비스경영론. 삼영사.

국가직무능력표준 www.ncs.go.kr

PICTURE CREDITS
그림출처

2장 38쪽 ⓒ 네일수다
2장 44쪽 에나멜 아트, 젤 아트 ⓒ 여상미
3장 폴리시 젤 살롱아트 1~2 ⓒ 네일앤비
3장 폴리시 젤 살롱아트 3 ⓒ 네일카운티
3장 폴리시 젤 살롱아트 4 ⓒ 네일수다
3장 폴리시 젤 살롱아트 5 ⓒ 네일엔비
3장 폴리시 젤 살롱아트 6 ⓒ 네일테라스
3장 폴리시 젤 살롱아트 7~8 ⓒ 네일수다
3장 폴리시 젤 살롱아트 9 ⓒ 네일카운티
3장 폴리시 젤 살롱아트 10 ⓒ 네일수다
3장 폴리시 젤 프렌치 살롱아트 1 ⓒ 네일수다
3장 폴리시 젤 프렌치 살롱아트 2 ⓒ 네일테라스
3장 폴리시 젤 프렌치 살롱아트 3 ⓒ 네일엔비
3장 폴리시 젤 프렌치 살롱아트 4 ⓒ 네일테라스
3장 폴리시 젤 프렌치 살롱아트 5 ⓒ 네일수다
3장 폴리시 젤 프렌치 살롱아트 6~7 ⓒ 네일카운티
3장 젤 그러데이션 살롱아트 1 ⓒ 네일수다
3장 젤 그러데이션 살롱아트 2 ⓒ 에꼴드네일
3장 젤 그러데이션 살롱아트 3 ⓒ 네일엔비
3장 젤 그러데이션 살롱아트 4~5 ⓒ 네일수다
3장 젤 그러데이션 살롱아트 6 ⓒ 에꼴드네일
3장 세로 그러데이션 살롱아트 ⓒ 네일카운티
3장 젤 글리터 살롱아트 1 ⓒ 네일엔비
3장 젤 글리터 살롱아트 2~6 ⓒ 에꼴드네일
3장 젤 글리터 살롱아트 7~9 ⓒ 네일카운티
3장 젤 글리터 그러데이션 살롱아트 1~2 ⓒ 에꼴드네일
3장 젤 글리터 그러데이션 살롱아트 3 ⓒ 네일테라스
3장 젤 글리터 그러데이션 살롱아트 4 ⓒ 네일엔비
3장 젤 글리터 그러데이션 살롱아트 5 ⓒ 네일테라스
3장 젤 글리터 그러데이션 살롱아트 6 ⓒ 네일엔비
3장 젤 글리터 그러데이션 살롱아트 7 ⓒ 에꼴드네일
3장 젤 글리터 그러데이션 살롱아트 8 ⓒ 네일카운티
3장 젤 마블 살롱아트 1~5 ⓒ 네일카운티
3장 젤 마블 살롱아트 6 ⓒ 네일엔비
3장 젤 마블 살롱아트 7 ⓒ 에꼴드네일
3장 젤 마블 살롱아트 8 ⓒ 네일카운티
3장 데칼 살롱아트 1 ⓒ 네일카운티
3장 데칼 살롱아트 2~3 ⓒ 에꼴드네일
3장 데칼 살롱아트 4~6 ⓒ 네일엔비
3장 데칼 살롱아트 7 ⓒ 에꼴드네일
3장 핸드페인팅 살롱아트 1 ⓒ 네일수다
3장 핸드페인팅 살롱아트 2 ⓒ 네일엔비
3장 핸드페인팅 살롱아트 3 ⓒ 네일카운티
3장 핸드페인팅 살롱아트 4 ⓒ 네일테라스
3장 핸드페인팅 살롱아트 5 ⓒ 네일카운티
3장 핸드페인팅 살롱아트 6 ⓒ 네일엔비
3장 핸드페인팅 살롱아트 7~8 ⓒ 네일카운티
3장 파츠 살롱 아트 1~2 ⓒ 네일카운티
3장 파츠 살롱 아트 3~5 ⓒ 에꼴드네일
3장 파츠 살롱 아트 6 ⓒ 네일수다
3장 파츠 살롱 아트 7 ⓒ 에꼴드네일
3장 파츠 살롱 아트 8 ⓒ 네일엔비
3장 파츠 살롱 아트 9 ⓒ 네일카운티
3장 파츠 살롱 아트 10 ⓒ 에꼴드네일
3장 원석데코 살롱아트 1~6 ⓒ 에꼴드네일

INDEX
찾아보기

저자소개

여상미

연세대학교 가정대학 의생활학과(이학사)
경성대학교 대학원 의상학전공(이학석사)
경성대학교 대학원 의상학전공(이학박사)
현재 부산여자대학교 미용과 학과장
한국네일예술학회 회장

김도현

경성대학교 대학원 의상학과(이학석사)
현재 에꼴드네일 원장
한국네일예술학회 행정이사

NCS 기반
네일살롱워크

2014년 12월 23일 초판 인쇄 | 2014년 12월 30일 초판 발행

지은이 여상미·김도현 | **펴낸이** 류제동 | **펴낸곳** **교문사**

전무이사 양계성 | **편집부장** 모은영 | **책임진행** 손선일 | **디자인** 신나리 | **본문편집** 이연순
제작 김선형 | **홍보** 김미선 | **영업** 이진석·정용섭·송기윤 | **출력·인쇄** 삼신인쇄 | **제본** 한진제본

주소 (413-120) 경기도 파주시 문발로 116 | **전화** 031-955-6111 | **팩스** 031-955-0955
홈페이지 www.kyomunsa.co.kr | **E-mail** webmaster@kyomunsa.co.kr
등록 1960. 10. 28. 제406-2006-000035호
ISBN 978-89-363-1444-6(93590) | **값** 22,000원